우리 가족을 위한
비폭력대화 수업

우리 가족을 위한
비폭력대화 수업

이윤정 지음

그래도봄

우리는 성장기

부모교육 강사로 활동하던 2004년 비폭력대화가 한국에 들어왔음을 알았다. 번역 출간된 마셜 로젠버그의 《비폭력대화》를 부모교육 강사들과 함께 읽으면서 스터디를 하다가, 2005년 3월 한국NVC(Nonviolent Communication, 비폭력대화)센터 설립자인 캐서린 한 선생님의 수업을 들은 것을 시작으로 비폭력대화에 몰입하게 되었다. 2012년에는 한국인 최초로 국제 평화단체인 CNVC(the Center for Nonviolent Communication, 비폭력대화센터)의 인증 과정을 거쳐 국제공인 트레이너가 되었다.

비폭력대화를 시작할 때 열세 살, 열 살이었던 두 아들은 올해로 서른한 살과 스물여덟 살이 되었고 완벽하다고 할 수는 없지만 비폭력대화가 그들의 성장기에 중요한 역할을 했음을 의심할 수 없다. 이 책은 큰아들의 사춘기를 지나오며 좌충우돌하면서도 비폭력대화를 놓지 않은 나의 실전기이기도 하다. 한창 사춘기의 절정이던 17세의 큰아들 김도형이 아이들의 사례에서 사춘기 입장을 대변하는 원고를 함께 쓰기도 했다. 지금 기억해보면, 책을 쓰는 동안에도 나는 끊임없이 갈등하면서 그의 사춘기에 동참해야 했다. 아들은 계속해서 매일매일 새로운 사례를 만들어냈고, 그것을 해결해나가면서 우리는 더욱 생동감 있는 글을 쓸 수 있었다. 그 당시 김도형은 적극적으로 10대를 대변하고 싶어 했다.

10여 년 전 책을 쓰면서 아이의 사춘기를 겪었고, 그 사춘기가 단지 서로에게 고통만 주는 것이 아니라 성장하는 귀한 기회를 제공함을 알았다. 초보 작가가 쓴 첫 책《아이는 사춘기 엄마는 성장기》를 10년이 넘도록 오랫동안 사랑해주신 독자들에게 깊은 감사를 전하며, 현 시대에 맞게 수정 및 보완한 새로운 사춘기 이야기로 비폭력대화를 풀어보고자 한다.

이번 책에서는 사범대학 4학년인 둘째 아들 김도환이 아이 일기 부분의 원고를 보완해주었다. 내 삶의 스승인 두 아들이 부모 자녀의 이야기를 다루는 책의 작업에 번갈아 참여해주니 고마울 따름이다.

비폭력대화는 내 인생의 큰 선물이었다. 자녀와의 관계뿐만 아니라 배우자와의 33년 부부 생활에서도 나의 중심을 잃지 않고 서로의 욕구를 연결하는 소통을 할 수 있게 도와줬다. 지금 내가 워크숍을 진행하고 글을 쓰며 비폭력대화를 전할 수 있는 것은 삶에서 그들과 풀어낸 길고 긴 이야기 덕분이리라. 비폭력대화의 실천이 결코 쉬운 일은 아니었다. 아는 것을 삶으로 실천하지 못하는 순간에는 깊이 좌절하기도 했고, 부끄러움을 안고 길을 나서야 했던 날들도 있었다. 그러나 적어도 행복하게 삶을 살아가는 방법은 터득할 수 있었다. 그리고 그 방법들을 한 분 한 분의 수강생들에게, 연습모임에서 처음 만난 누군가에게 안내해줄 수 있었다.

특히 '부모'는 내가 정성을 가장 많이 들이는 대상이다. 나이에 상관없이 부모와의 관계가 인간관계나 삶의 역동에 큰 영향을 미친다는 확신이 있었기에 비폭력대화로 한국형 부모교육 프로그램을 만들고 싶었다. 2014년 드디어 '기린부모학교'라는 1년 과정의 교육 프로그램을 만들었다. 첫 회부터 조기 마감으로 정원을 채웠고 그 이후로 지금까지 10년째 프로그램을 이어오고 있다.

첫해에는 부모들이 자녀들과 잘 지내고 싶어서 참여했지만 다음 해부터는 신청 동기가 다양해졌다. 결혼은 했으나 자녀가 없는 분이 부모 마음을 이해하고 싶어서, 미혼이지만 부모와의 갈등을 풀고 싶어서, 기혼이지만 부모와의 관계가 너무 힘들어서 아이를 낳을 마음이 생기지 않는 분이 그 마음 뒤의 상처를 알고 싶어서 등등…. 아내가 먼저 1년을 참여하고 그다음 해 남편이 참여한 부부도 있었고, 시어머니가 1년을 먼저 공부하고 몇 해 후 며느리가 수업에 참여하기도 했다.

흔히 부모 자식 사이의 고통은 시간이 해결해준다고 말하지만 나는 그렇지 않다고 생각한다. 그저 세월이 흘러서 회복된 것이 아니라 그 시간 동안 갖은 노력을 다한 덕분이다. 그저 시간만 흘러가게 해서는 해결할 수 없다. 현재 사랑으로 연결되는 것이 중요하고, 지난 시간이 아프다면 적극적으로 돌볼 필요가 있다.

나는 이 세상의 모든 부모가 조금 더 홀가분해지고 행복해지기를 소망한다. 적어도 행복을 느껴보고 행복을 아는 부모가 되어 어른 노릇을 하기를 바란다. 다시는 돌아오지 않을 자녀들의 사춘기에 부모들이 멈추어 마음으로 귀 기울이기를, 그들의 느낌에 집중하고 욕구에 공감해주기를, 그래서 가정이 가장 안전하고 믿을 수 있는 공동체가 되기를 간절히 원한다. 가족들이 쉴 수 있고, 행복을 느끼고, 재충전하는 장소가 가정이 될 수 있기를 기대해본다. 또한 아이의 사춘기가 부모와 자녀 모두에게 가장 큰 성장의 기회가 된다는 사실을 꼭 알았으면 한다.

2023년 5월
이윤정

PART 02

사춘기 내 아이 비폭력대화로 사랑하기

PART 01

아이는 사춘기,
엄마는 성장기

비폭력이란
무엇인가?

끔찍한 사춘기

지겹다. 그냥 지친다. 말을 안 들어도 어쩌면 저렇게 안 들어먹을 수가 있을까! 자식의 사춘기는 엄마가 가출하게 만든다더니 나야말로 이 집을 떠나고 싶다. 끊임없이 먹을 타령을 하는 애들도 짜증이 나고 내가 이렇게 지쳐 있는데 아랑곳없이 말을 거는 남편도 피곤하다. 머리로는 다 이해한다. 그들이 먹어야 하는 이유도, 남편이 내게 다정함을 원하는 것도….

나는 아이가 셋이다. 맏이인 딸 민서는 고 3이고, 큰아들 민혁이는 고 1, 그리고 막내아들 민우는 중 2다. 셋 다 이름하여 사춘기다. 옛 어른들 말씀이 하나도 틀리지 않는다. 무슨 부귀영화를 누리겠다고 나는 애를 셋이나 낳았을까? 아이들의 사춘기는 끔찍하다.

민서는 기질적으로 순한 편이고 야무져서 육아에 그리 큰 어려움이 없었다, 하지만 중 2 때부터 사춘기가 오면서 예민해진 상태에서 모든 욕심이 성적으로 집중되었다. 자기 일을 알아서 잘 챙기는 면이 있으나 공부 욕심이 많아서 시험 때마다 신경질적으로 변해서 나를 긴장시키고 행여 자신이 목표한 대로 성적이 안 나오면 울고불고… 차라리 공부를 못해도 마음이 편안한 아이였으면 좋겠다.

민혁이는 어릴 때부터 매일매일 나를 시험대에 오르게 한다. 세면대에 올라타다 떨어져서 새로 공사한 세면대를 다 깨뜨리고 찢어져서 열 바늘 꿰매지를 않나, 전기밥솥을 깔고 앉아 엉덩이에 화상을 입지를 않나, 축구를 하다가 부러져서 깁스한 다리로 몰래 나가 축구를 해서 다시 뼈에 금이 가지를 않나…. 그 녀석 이야기만으로도 육아서 열 권을 쓰고도 남을 정도다.

거기다 막내 민우는 또 어떤가! 얌전한 고양이 부뚜막에 먼저 올라간다고 하던가. 내게 가장 친절하고 다정한 자식이지만, 호기심 대장에 재미를 추구하는 열정으로 내 뒤통수를 치는 녀석! 누나와 형에게 집중하느라 잠깐 소홀하면 그 대가가 무엇인지 알게 해주는 분이다. 주유 중에 몰래 내려서 주유소에 숨어버려 고속도로를 달리다가 애를 찾느라고 되돌아간 적도 있고, 지나가는 할머니를 도와드린다고 짐을 들고 쫓아가다가 길을 잃어 경찰이 데려다준 적도 있다.

가지 많은 나무에 바람 잘 날 없다더니, 세 아이는 각자의 확실한 개성을 발휘하며 살아가면서 나를 고통스럽게 만든다. 이래서 부모는 늙는가 보다. 애들을 키우면서 나의 생명력이 다 빠져나간 것 같다. 안 아픈 데가 없이 쑤시고 얼굴은 인상을 하도 써서 주름투성이다. 애들한테 화가 날 때마다 얼굴이 벌게지고 열이 머리로 순식간에 올라가면서 땀이 억수같이 흐르고 심장도 수시로 벌떡벌떡 뛴다. 늘 피곤하니 짜증이 늘고 무기력하다. 이게 갱년기일까?

지칠 때면 난 아이들에게 가혹해진다. 내 안에 숨은 원초적인 폭력성과 공격성이 무섭게 고개를 치켜든다. 고약하게 말을 한다고 애들이 정신을 차리는 것도 아니고, 내 가슴이 후련해지는 것도 아니건만 왜 그렇게 모질게 말이 나오는지…. 고래고래 소리를 지르며 악을 쓰는 내 모습에 남편은 놀라고 나는 내 자신이 가련해서 서글프다. 아이들을 키우면서 점점 더 거칠어지는 나 자신이 싫다.

세상에서 제일 나쁜 사람, 우리 엄마

괴롭다. 끔찍하다. 어째서 이런 고통을 겪어야 할까? 이해할 수 없다. 왜 저렇게 말을 할까? 만약 나였어도 내 자식에게 저런 식으로 말했을까? 엄마가 하는 말은 나를 너무 아프게 한다. 어제도 그렇다. 내가 화가 나서 엄마에게 막말을 하기도 했지만 엄마도 마찬가지다. "계속 그렇게 말하면 네 주둥이를 재봉틀로 박아버린다!" 이게 자식에게 할 말인가!

내게 바라는 것이 너무 많다. 나는 천재가 아니다! 많은 것들을 해내도 돌아오는 것은 아무것도 없다. 잘못했을 때 돌아오는 것은 무궁무진하다. 엄마가 소리치면 나는 더 작아진다. 나는 오늘도 작은 쥐새끼가 됐다.

나는 왜 이 집에서 살고 있을까? 왜 이렇게 살아야 할까? 엄마는 나를 이해하지 못한다. 내가 아무리 말해도, 결과는 똑같다. 매번 윽박지르기만 한다. 귀와 머리가 너무 아프고, 마음도 너무 아프다. 이 집에서 빨리 나가 고통을 끝내고 싶다.

가정 내의 대화와 소통이 가장 중요하다는데 항상 같은 이야기의 반복, 또 반복이다. 말로 사람을 죽인다더니, 나는 서서히 죽어가고 있다. 이제 간단한 말도 하고 싶지 않다. 아무런 소용이 없으니까.

누구나 한 번쯤 생각해봤을 것이다. '왜 살아야 하지?' 나는 인생을 다 살지도 않았지만 이것은 알 것 같다. 진정으로 행복하려면 스스로, 감시 없이, 자율적으로 살아야 한다는 것을 말이다. 신이 있다면 묻고 싶다. "내가 정말 부족한 인간인가요? 난 왜 이렇게 살아야 하나요? 엄마한테 혼나고 사죄하며 비굴하게 사는 게 인생인가요?"

폭력과 비폭력 사이

인간관계 프로그램을 진행하다 보면 다양한 사람들의 깊고 아픈 이야기를 듣게 됩니다. 어떤 분은 알코올 중독인 아버지가 술에 취해서 들어오면 늘 가족들에게 욕을 하고 살림을 부수고 때렸고, 그럴 때마다 엄마는 오빠만 데리고 도망을 나갔다고 합니다. 커서 알고 보니 엄마는 미혼모로 오빠를 키우다가 아버지를 만나 재혼했고, 아버지가 아무리 취해도 핏줄인 딸은 때리지 않았기에 오빠만 데리고 도망을 나갔다가 술이 깨면 돌아왔다는 슬픈 사연이었습니다. 공포에 떨며 아버지의 욕설과 난폭함을 오롯이 혼자 당해야 했던 그분은 지금도 술자리엔 가지 않는다고 합니다.

남성들을 대상으로 한 비폭력대화 워크숍에서, 한 참석자가 일곱 살 때 아버지가 삽으로 엄마를 때리는 것을 본 경험을 이야기했습니다. 일곱 살 어린이는 그런 아버지가 너무 무서워서 도망을 가야 했고, 중년이 된 지금도 아버지가 보기 싫고 두려워서, 아버님이 시골에서 오신다고 하면 집에 들어가지 않는다고 합니다.

　　우리는 자라면서 알게 모르게 폭력적인 장면에 노출되고 폭력을 경험하게 됩니다. 그리고 그 폭력은 우리가 따뜻한 인간성을 유지하며 살아가는 데 큰 장애로 작용합니다. 어떤 때는 그 폭력을 당연한 것으로 받아들이기도 해서 삶이 우울하고 무기력합니다. 내가 나를 불행하게 만들기까지 합니다. 비폭력적으로 살아간다는 것은 과연 무엇일까요?

💬 "때려죽이고 싶거든요"

　　중학생 아들 둘을 키우는 한 어머니가 부모교육 프로그램에 참여한 첫날, 소개하는 시간에 이런 이야기를 했습니다.

　　때려죽이고 싶거든요. 그런데 내 새끼를 때려죽일 수가 없잖아요. 다른 분들이 욕하셔도 할 수 없어요. 천벌을 받을 일이겠지만 솔직히 말하면 애를 어디선가 잃어버리고 싶다는 생각을 한 적도 있어요. 내가 왜 아이를 낳았는지 후회를 한 적도 한두 번이 아니에요.

미치겠어요. 제 아이에게 사랑이 느껴지지 않아요. 제가 여기서 교육을 받으면 좀 더 좋은 엄마가 될 수 있을까요? 도와주세요.

가슴을 쓸어내리며 울음을 참으려 애쓰는 모습이 얼마나 절박하게 보이던지, 오히려 다른 엄마들이 펑펑 울어버렸습니다.

자녀의 사춘기를 아직 겪지 않은 부모들은 "어떻게 자식을 때려죽이고 싶다는 생각을 하나요?"라고 반문할지 모릅니다. 그러나 얼마나 힘이 들면 그런 생각까지 하며 속이 상해서 눈물을 흘릴까요?

사춘기 자녀와 함께 사는 부모라면 거침없이 변해가는 그들의 모습에 적잖이 당황스럽고 놀랄 것입니다. 그들은 이제 유순하고 다정했던 예전의 아이들이 아니며, "엄마, 저건 뭐예요?"라고 묻지도 않습니다. 더 이상 호기심 가득한 눈으로 세상을 바라보지도, 부모의 보살핌을 원하지도 않지요. 순간순간 대항하며 자제하지 못하는 모습이 부모에게는 거칠고 공격적이며 격정적으로 보입니다. 어른도 아니고 더 이상 아이도 아닌 그들은 황당한 사회문제를 일으키기도 하고, 예측할 수 없으며, 가정에서도 통제가 불가능할 때가 많습니다. 도대체 사춘기 청소년들은 왜 그렇게 부모를 힘들게 할까요?

뇌과학자들의 연구에 따르면, 사춘기 청소년들의 뇌는 어른들의 뇌와 다르게 작동한다고 합니다. 그들이 어른들과 다른 생각과 행동을 하는 것은 생각하고 판단하며 결과를 유추하는 전두엽이 아직 완성된 상태가 아니고 만들어지는 과정에 있기 때문이랍니다. 과거에는 청소년기에 뇌 발달이 거의 멈춘다고 알려졌지만, 최근에 밝혀진 바에 따르면 사춘기의 뇌는 격렬하게 다시 한 번 재창조되는 기회를 가지며 발달한다고 합니다. 그 과정에서 충동적인 행동을 하고 자신의 행동과 결과를 연결하지 못합니다. 주변 사람들과 끊임없이 충돌하고 가족들을 힘들게 하지만, 뇌가 재창조되는 시간이라고 보면 그 시기가 얼마나 중요한지 깨달을 수 있겠죠!

그러므로 사춘기 아이에게 부모의 역할은 더더욱 중요합니다. 이 시기에 부모와 자녀가 유대감을 잃지 않고 소통하는 것은 그 어느 때보다도 자녀들에게 큰 영향을 미칩니다. 사춘기 자녀들은 부모보다 몸집이 커지고 힘도 세지기 시작하기에, 부모도 몸을 쓰는 폭력보다는 언어폭력을 자주 쓰게 됩니다. 또한 앞의 예에서 나온 엄마처럼 때려죽이고 싶다는 생각이나 밉다는 감정을 품고 자녀를 대할 때, 아이들은 지독한 심리적 폭력을 경험합니다.

육체적인 폭력만 심각한 것이 아닙니다. 언어나 대하는 태도로 표현되는 심리적인 폭력은 더욱 모질고 깊은 상처를 남깁니다. 몸에 난 상처는 약을 바르고 수술도 할 수 있지만, 마음에 남은 상처는 치유가 되지 않는 경우가 많습니다. 혹시 우리가 부모라는 이유 하나만으로 자녀들에게 폭력적이지 않은지 생각해볼 일입니다.

💬 비폭력이란 무엇인가?

　비폭력이란 단지 폭력의 반대말이 아닙니다. 비폭력대화의 '비폭력'은 간디의 비폭력저항에서부터 알베르트 슈바이처의 삶에 대한 경외감에 이르기까지 확장됩니다. 인도의 비폭력적 삶의 모델인 아힘사(ahimsā, 불살생(不殺生)을 의미하는 인도 종교의 기조 사상, 살아 있는 생명체를 해치지 않고, 모든 종류의 폭력과 증오심을 없애는 것) 정신에서 비롯되며 서로의 다름을 뛰어넘을 때 가능해집니다.

　가끔 우리는 나도 모르게 폭력적으로 변할 때가 있습니다. 나의 고통이나 결핍을 가장 모질고 비극적으로 표현하고 상대를 공격하면서 옳고 그름을 따지게 됩니다. 그러나 내 안의 폭력이 가라앉을 때, 우리는 비로소 연민을 품을 수 있고 가슴으로 연결되는 대화가 가능해집니다.

비폭력대화가
필요한 이유

엄마의 일기

엄마는 괴로워!

내가 신뢰하는 선배 언니에게 아이들과의 소통에 관한 고민을 말했다가 '비폭력대화'라는 것을 소개받았다. 소개 문구에 나오는 '연민'이라는 단어가 나를 끌어당겼다. 연민…, 연민을 가지면 아이들과 악다구니 쓰며 다투는 일은 없을 것 같았다. 또한 나에 대한 연민이 생기면 지치고 외로운 나의 마음을 스스로 어루만질 수 있을 것 같았다.

난 비폭력대화를 배우기 시작했다. 있는 그대로를 보고 듣고, 그 상태에서 느끼고, 내가 무엇을 원하고 있기에 그런 느낌이 드는지 자각한다. 그리고 내가 원하는 것을 충족하기 위해 상대에게 부탁을 한다.

나는 조금씩 변화하는 중이다. 가장 큰 변화는 즉시 반응하지 않는 것이다. 자극과 반응 사이에 공간을 넓혀가면서 평가하지 않고 아이들이 하는 말이나 행동을 듣고 보게 되었다. 내가 아이들에게 쏟아내는 비극적인 말들이 하나도 빠짐없이 어릴 때 내 부모나 다른 어른들에게 뼈아프게 들었던 말의 대물림이었음을 알았다. 습관적인 반응에서부터 벗어나려고 새로운 언어를 배우고 있다.

비폭력대화를 배운 덕분에 아이들의 마음을 살필 여유가 생겼다. '옳다, 그르다, 가르쳐야 해, 여기서 물러나면 지는 거야'가 아니라 지금 아이의 느낌은 어떨지, 저 아이에게 중요한 것은 무엇인지 알아차리는 날도 늘고 있다. 무엇보다 내 자신에게 스스로 공감하면서 마음이 편안해졌다. 물론 배운 대로 잘돼서 스스로가 대견한 날도 있고 아무리 반복해서 연습해도 무너지는 날도 있지만, 순간순간 나의 말에 대해서 깨어 있다는 것은 축하할 일이다.

 아이의 일기

우리 엄마는 변할 수 있을까?

간식을 먹고 있는데 식탁 위에 《비폭력대화》라는 책이 보였다.

우리 엄마는 배우는 것을 좋아하셔서 무언가 계속 배우신다. 이제는 하다못해 대화법을 배우시려나 보다. 그렇지만 대화도 배워야 할까? 배운다고 고쳐질까?

난 가끔 엄마가 이해되지 않는다. 내가 고 3이어서 예민하게 반응한다고만 하지만 내가 누구를 닮았겠는가, 우리 엄마지…. 즉, 우리 엄마도 나만큼 예민하다. 엄마는 내가 시험 때마다 경쟁심으로 내 성질을 못 이겨서 신경질을 낸다고 하시지만, 그 경쟁심은 엄마가 키워놓은 거다. 유치원 때부터 집에 오면 현관에서 엄마는 물으셨다. "오늘은 뭐 배웠어?", "오늘도 발표했어?" 초등학생이 되어서는 엄마는 내 상태보다 점수에 반응하셨다. 학교에 청소하러 와서도 교실 뒤쪽에 붙은 애들 스티커판의 스티커 개수를 비교했고, "네 그림은 왜 안 걸렸느냐, 오늘 받아쓰기는 다 맞았느냐?"라는 둥…. 엄마는 바깥에서 돌아온 아이에게 무슨 말을 했는지 잘 모를 테지만 나는 또렷이 한 글자 한 글자를 모두 기억한다.

요즘엔 엄마가 동생들을 야단치는 크고 날카로운 소리가 너무 짜증이 난다. 왜 저렇게 크게 말해야 할까? 왜 조용히 타이르지 소리를 칠까? 나도 나이 들면 엄마처럼 될까 겁난다. 엄마 몰래 책을 들춰보니 좋은 이론인 거 같다. 우리 엄마가 잘 배워서 제발 품위 있고 평화로운 소통을 하게 되기를 바란다.

NVC 생각

인간성을 유지하는 대화법

비폭력대화 프로그램을 진행하다 보면, 의외로 가족 안에서 가장 지독한 상처를 받는다는 것을 알 수 있습니다. 특히 부모에게서 받은 상처는 평생을 가기도 합니다. 나이 오십이 되어서도 엄마에게 못 받은 사랑 때문에 괴로워하는 사람이 있는가 하면, 어릴 때 아버지의 사랑을 제대로 못 받고 자란 탓에 자신도 아버지 노릇을 잘하지 못하는 사람도 있습니다. 반면에 우리 부모님은 늘 평화로운 미소를 띠고 계셨고 강요하거나 소리 지른 적도 없다고, 따뜻한 부모의 사랑만을 기억하는 분도 있습니다.

●● 아픈 내면을 치유해주는 대화법

"세상을 호기심 가득한 눈으로 바라보며 부모에게 사물에 대해 질문을 던지던 그 아이는 이젠 내 아이가 아니네요." 부모들은 자녀의 사춘기를 이렇게 표현합니다.

"모든 사물을 비뚤어진 눈으로 바라보며 어른들을 비판해요."
"화를 참지 못하게 성질을 돋우며 대들지요."

"하지 말라는 것은 더욱 관심을 가지고 행동하면서 해야 할 것은 끝까지 뒤로 미뤄요."

"부모를 비웃으며 짓는 표정을 참을 수가 없어요."

이제는 어떻게 부모 역할을 해야 할지 몰라서 부모는 좌절합니다. 예상치 못한 자녀의 반응에 당황하고, 부모가 원하는 것과 자녀가 원하는 것 사이에 격차가 생기면서 점점 더 힘들어지지요. 아이와 갈등에 빠지면서 친밀감을 잃는 게 두렵습니다. 원활하게 소통하고 싶고, 부모로서 가르침을 주고 싶고, 부모 자녀 간에 신뢰하는 관계를 원하는데 쉽지가 않습니다.

그러나 사춘기 자녀들은 몸은 어른만큼 커졌어도 계속해서 부모의 사랑을 확인하고 싶어 합니다.

"이렇게 대들어도 나를 사랑하나요?"

"이만큼 공부를 안 해도 나를 그대로 봐줄 수 있나요?"

"이런 행동을 해도 받아들일 수 있어요?"

"수시로 변하는 내 마음을 알기는 해요?"

"얼마나 힘든지 느껴지세요?"

자녀가 원할 때 그들이 원하는 방법으로, 그들이 원하는 만큼 사랑과 지원을 주는 것이 아주 중요합니다. 사춘기에 감정을 표현하는 방법과 화를 다루는 방법을 배우고 익힘으로써 성숙하게 자신을 돌보며 성장하게 되니까요.

이때 비폭력대화는 탁월한 효과를 발휘합니다. 우리의 인간성을 유지하도록 도와줄 뿐만 아니라, 우리의 내면을 치유하게 해줍니다. 내가 얼마나 부모로서 힘들고 마음 아픈지, 아이에게 무엇을 원하기에 이렇게 가슴이 아리고 먹먹한지, 그동안 최선을 다하기 위해 얼마나 노력했는지…. 비폭력대화를 통해 나의 이런 느낌과 욕구를 들여다볼 때, 우리는 폭력으로 자녀에게 다가가지 않을 수 있습니다. 또한 자녀의 느낌과 욕구를 헤아리면서 내 아이가 얼마나 건강하고 소중한지 다시 확인하는 귀한 경험도 할 수 있습니다.

자녀의 사춘기는 부모도 성장하라는 신호입니다. 아이가 어떻게 크고 있는지, 무엇이 필요한지, 어떤 것을 원하는지, 자녀의 가슴속으로 들어가보세요. 그리고 그들의 호흡을 따라해보세요.

자! 당신은 지금 신호등 앞에 서 있습니다. 빨간불 앞에서 안전하게 서 있던 당신, 노란불에 마음의 준비를 단단히 하세요. 그리고 초록불에 당당히 걸어가세요. 자녀의 사춘기 안으로! 자녀의 사춘기는 부모의 성장기입니다.

💬 우리가 원하는 것을 찾게 해주는 대화법

프로그램을 시작하는 날, "이 교육을 통해 충족하려는 것이 무엇이냐?"라는 내 질문에, 어떤 엄마는 "난 내가 하고 싶은 대로, 내 의도대로 아이를 움직일 수 있는 대화 방법을 배우고 싶어요. 우리 애가 내 말을 잘 듣게요"라고 합니다.

저는 웃으며 대답합니다. "엄마 말을 잘 듣도록 하는 대화법은 저도 모르겠는데 어떡하죠? 저희 집 아이들도 제 말을 다 듣지 않는데…. 하지만 어머니께서 원하는 것을 명료하게 찾아가면서 지금보다 편안하게 사시도록 도움을 드릴 수는 있을 겁니다."

의도를 가지고 대화할 때, 상대를 조종하기 위해 대화를 시도할 때 우리는 연결을 잃습니다. 아무리 친절해도, 환한 미소를 짓고 있어도, 부드러운 음성으로 말해도 의도성이 있는 대화는 상대를 무장하게 하고 단절되게 하지요.

비폭력대화는 '깨어 있는 대화법'입니다. 늘 상대의 마음을 알아차리면서 내 마음도 함께 챙길 수 있는 아름다운 소통 방법입니다. 우리가 진정으로 깨어 있을 때 우리는 상대가 원하는 것을 알아차리고, 내가 원하는 것을 찾을 수 있습니다. 상대를 내 뜻대로 조종하려 들지 않고 내가 원하는 것이 무엇인지 정확하게 알고 집중할 때, 우리는 우리가 원하는 것을 충족시키는 방법을 찾을 수 있고, 그것을 통해 함께 행복해질 수 있답니다.

비폭력대화의
목적과 모델

야! 너, 말 다 했어?

오늘은 중학교 중간고사 마지막 날인 동시에 고등학교 중간고사 첫날이다. 고 3 민서는 시험을 마친 후 도서관으로 바로 간다고 집에 안 들어왔고, 민우는 시험이 끝났다고 집에 오자마자 가방을 집어던지고 뛰쳐나갔다. 시험 첫날인 민혁이는 시험을 2시간 보니까 11시쯤 들어오리라고 예상해서 간식을 준비하고 기다리는데 오지를 않는다. 연락도 없고 전화도 받지 않는다. 무슨 일이 있는 것은 아닌지 걱정하고 있는데, 2시가 다 되어서야 헐떡이며 들어오는 민혁이.

민혁: 다녀왔습니다.

엄마: 너, 어떻게 된 거야? 무슨 일 있었어? 엄마, 걱정했잖아!

민혁: 애들하고 조금 놀다 왔어요.

엄마: 뭐, 놀다 와? 시험 첫날 놀다 왔다는 얘기야? 이 땀 좀 봐라. 아니 시험 기간에 누가 이렇게 축구를 하고 노니? 밥은 먹었어? 밥 먹으면 바로 졸겠구먼.

민혁: 예, 첫날인데 점수도 잘 안 나왔고 해서 기분 전환이나 하려고 친구들이랑 운동한 거예요.

엄마: 그럼 전화를 했어야지? 엄마는 걱정했잖아! 이 한심한 놈, 도대체 몇 점을 받았기에 기분 전환까지 필요한 거야? 어이구!

민혁: 뭐 어때요? 제가 밤까지 논 것도 아니고 잠깐 놀다 오는 것도 안 돼요? 답답해서 그런 거예요. 그리고 운동장에 우리 말고도 노는 애들 많았어요.

엄마: 뭘 잘했다고 꼬박꼬박 말대꾸야? 외출할 것도 안 하고 기다려주니까 고작 한다는 말하고는….

민혁: 제가 기다려달라고 한 거 아니잖아요? 외출하세요. 나 신경 쓰지 말고 엄마가 원하는 거 하시라고요.

엄마: 야! 너, 말 다 했어?

난 자주 아이들과 이런 식의 말다툼을 한다. 왜 이 모양일까?

아이와 다투어서 감정이 상하면 아이는 오히려 공부에 더 방해를 받고, 나 또한 기분이 나빠져서 한참 가슴이 아프고 힘들다. 오히려 아이가 답답해서 놀다가 온 것을 공감해주고 남은 시간 열심히 노력하도록 응원해주면 좋았을 것을. 늘 이렇게 다 퍼부은 다음에야 좋은 방법이 떠오른다.

아이들을 키우면서 가장 부끄러운 것은 갈등이 생길 때마다 오늘처럼 감정이 북받쳐서 폭력적으로 말을 하게 된다는 점이다. 언제 그렇게 많은 폭력적인 언어들이 내 몸속에 들어와 있었는지, 한도 끝도 없다. 누구에게도 하지 못하는 악담을 아이들에게 서슴없이 하고, 어느새 아이들보다 더 어린애가 되어 막말하기도 한다. 그럴 때 느끼는 비애감이란….

 아이의 일기

엄마 원하는 걸 하시라고요!

짜증이 난다. 시험 보는 날, 시간이 많다고 해도 긴 시간 온전히 집중해서 공부하는 것은 쉬운 일이 아니다. 시험 때가 되면 엄마는 나보다 더 긴장하신다. 약속도 다 미루고 시험 기간 내내 우리 뒷바라지에 여념이 없으시다. 고맙긴 하지만 그런 엄마가 가끔은 안쓰럽다. 우리와 상관없이 엄마가 하고 싶은 것을 자유롭게 하고 지내셨으면 좋겠다.

시험 기간이 아니어도 엄마는 내 시간 관리에 대해 불만이 많으시다. 내 자유 시간을 내 기호에 맞게 쓰겠다는데 잔소리를 끊임없이 하신다. 그럼 어쩌라는 말인가? 학교나 학원 숙제를 충실하게 하라기에 다 해놓고 놀려고 하면 "네가 할 것은 숙제밖에 없냐?"며 더 공부하기를 원하시는데, 더 이상 뭘 하라는 말인가? 나도 내가 할 수 있는 만큼 열심히 공부하고 있다. 그러나 잘 안 되는 것을 어쩌나? 엄마는 계속해서 나를 압박한다. "이 학원에 다녀라, 저 학원에 다녀라, 더 공부해라, 그만 놀아라." 이젠 공부하고 쉬는 것도 눈치가 보인다.

오늘도 마찬가지다. 엄마는 어떻게 생각하실지 모르겠지만, 나는 나름대로 시험을 위해 최선을 다했다. 아쉽게도 그 최선에 비해 시험 점수는 형편없었다. 그래서 그냥 잠시 쉬었다 가고 싶었을 뿐이다. 내일도 시험이 있으니까.

그런데 엄마는 그것도 이해하지 못하신다. 엄마는 나한테 무엇을 원하는 걸까? 내가 얼마나 더 공부해야 만족하실까? 엄마는 나만큼 공부해본 적이 있을까? 지금 공부를 하는 것이 내 꿈을 위해서가 아니라 엄마의 꿈을 위해서는 아닐까?

연민의 대화, 삶의 언어

미국의 임상심리학자인 마셜 로젠버그(Marshall B. Rosenberg) 박사는 "인간의 본성은 서로의 삶에 기여할 때 기쁨을 느끼는 것"이라고 믿으면서 두 가지 의문에 대해 고민했습니다.

첫 번째 고민은 '왜 인간이 자기의 본성인 연민으로부터 멀어져, 서로 폭력적이고 공격적으로 행동하게 되었을까?'였고, 두 번째 고민은 '어떻게 하면 견디기 힘든 고통 속에서도 연민의 마음을 유지할 수 있는가?'였습니다.

그에 대한 연구를 하면서 로젠버그 박사는 우리가 쓰는 말과 대화법이 얼마나 중요한지 깨달았습니다. 그래서 사람들과 자연스레 연민이 우러나는 유대 관계를 맺는 데 도움이 되는, 구체적인 대화 방법을 연구해 비폭력대화(NVC, Nonviolent Communication)를 만들었습니다.

비폭력대화는 견디기 어려운 상황에서도 인간성을 유지할 수 있는 능력을 키워주는 대화 방법입니다. 비폭력대화에서 말하는 비폭력은 간디나 마틴 루터 킹이 말한 비폭력과 맥락이 같습니다. 즉, 우리 마음에서 폭력이 사라졌을 때 자연스럽게 우리 안에서 생기는 연민의 상태를 가리킵니다. 적대감 없이 서로의 인간성을 바라보며, 자신의 욕구와 상대편의 욕구를 동등하게 존중하면서 양쪽이 다 만족할 수 있는 방법을 찾아내는 대화법입니다. 비폭력대화는 연민의 대화(compassionate communication), 삶의 언어(language of life)라고도 부릅니다.

●● 비폭력대화의 목적

비폭력대화의 첫 번째 목적은 질적인 유대 관계입니다. 질적인 인간관계를 형성해 유대를 깊게 하려는 것이지요. 서로 연결된 관계를 유지하고 싶다면 폭력적으로 대화할 리가 없겠지요.

두 번째 목적은 상호 만족입니다. 자신의 욕구와 상대의 욕구를 동등하게 존중하면서 양쪽이 다 만족할 수 있는 방법을 찾아가는 것이지요. 비폭력대화를 통해서 우리는 한쪽이 다른 한쪽을 위해 희생하거나 양보하지 않고 양쪽의 욕구를 모두 만족시킬 수 있는 방법을 찾습니다.

질적인 유대 관계 속에서 서로 만족할 수 있는 방법을 찾으며 대화를 하다 보면 나 자신과 상대방의 삶을 풍요롭게 하는 데 기여하는 즐거움을 느끼게 됩니다. 그 과정에서 생각하고 말하고 듣고 행동하는 방식을 선택하면서 사는 방법을 배울 수 있습니다.

💬 비폭력대화의 모델

비폭력대화에서는 마음으로 주고받는 인간관계를 위해서 네 가지 요소에 주의를 기울입니다.

첫째는 관찰입니다. 내가 보거나 들은 것을 평가하지 않고 마치 사진 찍듯이, 녹음하듯이 있는 그대로만 표현합니다.

둘째는 느낌입니다. 관찰한 것에 대한 느낌을 표현하는 것입니다. 몸과 마음의 반응이 되겠지요.

셋째는 욕구입니다. 욕구는 느낌의 근원으로 인간의 보편적인 가치를 의미합니다.

넷째는 부탁입니다. 내 삶을 더 풍요롭게 하기 위해서 다른 사람이 해주기 바라는 것을 구체적으로 표현하는 것입니다.

💬 비폭력대화의 두 가지 측면

우리는 비폭력대화를 통해 자신을 표현하거나, 상대의 말을 들으면서 관찰, 느낌, 욕구, 부탁의 네 가지 요소를 교환하게 됩니다. 따라서 비폭력대화에는 두 가지 측면이 있습니다. '네 가지 요소를 솔직하게 표현하는 것'과 '네 가지 요소를 공감하며 듣는 것'입니다.

첫째, '네 가지 요소를 솔직하게 표현하는 것'은 어떤 자극에 대해 늘 하던 대로 자동적인 반응을 보이는 것이 아니라, 내 마음에서 일어나는 나의 느낌과 욕구에 초점을 맞추어 솔직하게 비폭력대화의 네 요소로 표현하는 것입니다.

관찰 우리 삶에 영향을 미치는 상대의 말과 행동을 있는 그대로 관찰하여 표현합니다.

느낌 관찰한 상대의 행동이나 말에 대한 나의 느낌을 표현합니다.

욕구 나의 느낌이 어떤 욕구와 연결되어 있는지, 원하는 것이 무엇인지를 찾아서 표현합니다.

부탁 나의 욕구를 충족하기 위하여 나 자신이나 상대, 공동체에게 구체적으로 부탁합니다.

둘째, '네 가지 요소를 공감하며 듣는 것'은 관찰, 느낌, 욕구, 부탁을 바탕으로 공감하며 듣는 것입니다.

관찰 상대방이 관찰한 것을 집중하며 듣습니다.

느낌 상대의 느낌을 추측하며 듣습니다.

욕구 상대가 바라는 것, 중요하게 생각하는 것에 초점을 맞추어 듣습니다.

부탁 상대의 부탁을 통해 무엇이 그 사람의 삶을 더 풍요롭게 할 수 있는지를 파악해가며 듣습니다.

♥♥ 비폭력대화에서 기린과 자칼의 의미

비폭력대화에서는 기린과 자칼이 등장합니다. 각각의 동물에는 어떤 의미가 담겨 있을까요? 둘의 특성을 생각해보면 답이 나옵니다.

기린이 상징하는 것

기린은 초식동물로 온순합니다. 키는 어느 정도일까요? 평균 키가 5~6미터라고 하네요. 그 큰 키에 머리까지 혈액을 공급하기 위해 포유류 중에서 가장 큰 심장을 가졌고, 다른 동물과 성대가 다르게 생겨서 울음소리가 거의 없다고 해요. 암컷과 수컷이 협력해 새끼를 보호하고 자기 보호를 확실하게 한다고 합니다. 예를 들어 맹수가 공격을 하면 뒷발차기로 강력한 힘을 발휘해서 자신과 새끼를 보호합니다.

우리는 평화로운 상태를 유지하고, 다른 사람과의 연결을 잃지 않기 위해서 따뜻한 가슴이 필요합니다. 또한 자신을 보호할 수 있어야 합니다. 그래서 비폭력대화에서는 기린을 평화, 비폭력의 상징으로 사용하고, 비폭력대화 자체를 기린의 언어(giraffe language)라고도 부릅니다.

자칼이 상징하는 것

자칼은 육식동물이지요? 키는 60~70센티미터로 작은 편인데, 사냥을 하지 않고 죽은 시체의 썩은 고기만 찾아다닌다고 해서 청소부라고도 부릅니다. 이집트에서는 죽음의 신을 상징해, 미라를 담은 관 겉면에 자칼을 그려 넣기도 했습니다. 새끼를 낳으면 버려서 단절을 상징하기도 합니다. 비폭력대화에서는 폭력 언어를 자칼의 언어(jackal language)라 말하고, 지배 체제를 자칼사회라고 표현합니다.

진정한 소통을
방해하는 요소

 엄마의 일기

배신자!

아침에 일어나서 거실로 나가니 민우 방에서 불빛이 새어 나온다. 웬일인지 막내 민우가 이미 일어나 책상에 앉아 있다. 아마도 기말고사 준비를 다른 때보다 일찍 시작하는가 보다. 큰아이와 둘째 아이 입시에 신경을 쓰느라 막내는 손길도 잘 안 가고, 그냥 존재 그 자체로 대견하고 예쁜 나머지 공부 간섭은 하지 않는데 이렇게 스스로 해주니, 세상이 아름답게 느껴지는 아침이다. 어쩜 저렇게 기특할까.

'맞아! 바로 이거야. 기다려주니까 이렇게 자기 주도적으로,

스스로 하잖아!'

나는 콧노래를 부르면서 민우가 좋아하는 바나나우유를 준비해서는 방문을 열었다.

엄마 ː 우리 예쁜 강아지! 무슨 공부를 새벽부터 이리 열심히 하누?

아이가 갑자기 벌떡 일어나더니 나를 껴안고 입술을 삐죽이 내밀며 뽀뽀를 한다.

민우 ː 사랑하는 엄마! 부탁이 있는데요.

엄마 ː 뭔데? 말만 해. 그냥 다 들어줄 테니.

민우 ː 저기…, (긁적긁적) 이것 좀….

그런데 이게 무슨 날벼락인가! 민우가 내민 건 반성문이었다. 하! 기가 막혀서.

〈반성문〉

나는 ○월 ○일 올림픽공원으로 사생대회 겸 백일장을 갔다. 시를 써서 낸 후 그림을 그리고 있는데 태현, 대권, 근우, 태준, 성재, 주찬, 장준이가 피시방에 가자고 종용했다. 난 열심히 그림을 그렸다. 친구들 성화에 못 이겨 피시방에 가느라 바탕은 조금 성의 없이 칠했으나, 내가 그림을 열심히 그린 것은 지금 생각해봐도 추호도 의심의 여지가 없다.

순간, 나는 너무 황당했다. 피시방에 갔다는 것도 기가 막히지만, 반성문이라고 써놓은 내용하고는…. 이걸 누가 반성문이라고 보겠는가? 한심하다는 생각에 화가 나서는 속사포로 잔소리를 해댔다.

엄마 : 너, 지금 제정신이야? 사생대회 간 녀석이 어디를 가? 뭐, 피시방? 너, 정신이 있어, 없어? 학생이라는 놈들이…. 너, 그거 수업 대신인 줄 몰라서 그래? 또, 사생대회 그림이 미술 수행평가에 들어가는 거 알아, 몰라? 그리고 뭐? 그림을 열심히 그린 것에는 추호도 의심의 여지가 없다고? 너, 미친 거 아니니? 이놈의 자식이, 엄마가 막내라고 귀엽다, 귀엽다 하고 키웠더니 엉뚱한 짓을 하고 다녀? 야!

민우 : 그런데요, 담탱이가 글쎄, 저만 반성문을 쓰는 게 아니라 엄마 아빠 반성문도 한 장씩 받아 오래요. 빨리 써주세요. 학교 늦어요.

엄마 : 뭐라고? 선생님한테 담탱이? 애가 정말, 너 말 다시 안

해? 말버르장머리하고는…. 너, 오늘 지각하더라도 혼 좀 나야겠다. 학교 행사 때 빠져나가서 피시방 가는 녀석이 지각이 대수냐? 형이나 누나는 이런 행동 한 번도 안 했어. 엄마, 아빠도 학교 다니면서 반성문이라는 거 써본 적 없고. 넌 도대체 누굴 닮은 거야?

그날 아침, 나와 남편은 각각 한 장씩 반성문을 써야만 했다. 남자아이 17명 중 11명이 피시방에 가 있었으니, 담임선생님께서 화가 나 아이들에게 부모 반성문을 받아서 오라 하셨나 보다. 부모 반성문이라는 형식이 썩 기분 좋지는 않았지만, 자식이 잘못을 저지르면 부모는 할 말이 없어지기 마련이다.

아침이라 아이와 더 이상 긴 대화를 나누지 못하고 학교에 보냈는데, 낮에 담임선생님으로부터 전화가 왔다. 젊은 여선생님은 완전히 흥분 상태였다.

담임 ⊂ 어머니, 아이들이 사생대회 때 피시방 간 건 아시지요? 그런데 돈을 안 내고 나간 것도 아세요? 애들이 지금 단체로 힘을 받아서 반성의 기미가 없어요. 돈을 안 내고 나온 것은 절도죄입니다. 학교에서 할 건 다 했으니까, 가정에서 확실하게 지도해주세요.

엄마 ⊂ 네?

기가 막혀. 화가 나서 숨이 쉬어지지 않을 것만 같았다. 내가 이놈을 그냥…. 6명은 돈을 내고 5명이 돈을 내지 않은 채로 내빼서 사장님이 잡으러 왔고, 인성부장 선생님이 돈을 내주시며 사장님을 돌려보낸 후 아이들은 전체 학생들 앞에서 어제 벌을 받았단다. 오늘 반성문을 받으며 아이들을 야단치는 중인데, 아이들이 반성하는 태도가 아니라서 선생님이 화가 많이 나 아이들 앞에서 각자의 부모에게 전화를 걸고 있단다. '절도죄'라는 말이 거슬렸지만 할 말이 생각나지 않았다. 죄송하다는 말밖에. 철저히 가르쳐서 보내겠다는 말을 듣고서야 담임선생님은 진정하는 듯했다.

전화를 끊고 나니 한숨만 나왔다. 선생님께 창피하고, 아이의 행동이 황당해서 너무 화가 난다. 어제 용돈도 넉넉하게 줘서 보냈건만. 정말, 자식은 맘대로 되는 게 아닌가 보다.

아이가 학교에서 오자 마음을 가다듬고 대화를 다시 시작했으나, 곧 다시 열이 오르고 말았다.

엄마 : 넌, 엄마가 이런 일로 담임선생님 전화를 받아야 되겠어? 너희들 반성 안 하고 선생님께 버릇없이 굴었다며? 얼마나 못되게 굴었으면 선생님이 그렇게 화가 나서 전화를 다 하셔? 담임선생님이 너희들을 사랑하니까 훈계도 하시는 거지, 담임이 아니면 그렇게 잔소리할 필요도 없는 거야. 그 마음을 모르는 너희가 나쁜 놈들이지.

민우: 엄마, 그게 아니고, 우리는 가만히 있었는데 담임 혼자 열받아서 우리보고 빌지 않는다고 그런 거야. 반성문도 쓰고 벌로 운동장에 쓰레기도 주웠는데, 뭘 또 빌어? 내가 참, 기가 막혀. 재수 없어, 정말.

엄마: 뭐라고? 말하는 품새 좀 봐. 못된 송아지 엉덩이에 뿔 난다더니, 이 녀석을 정말…. 뭐가 재수 없어? 잘못했으면 당연히 벌을 받아야지. 하나를 보면 열을 아는 거야,

민우: 엄마는 아무것도 아닌 것 갖고 화내고 그래. 다른 반 애들도 다 피시방 가 있었어요. 우리 반만 간 게 아니라니까. 우리가 그날 재수가 없었던 거야.

엄마: 시끄러, 이 새끼야! 뭘 잘했다고 꼬박꼬박 말대꾸야. 다른 반 애들도 너희들처럼 돈 안 내고 튀었냐? 피시방 간 것도 기가 막힌데, 돈을 안 내고 나가? 너희는 도둑놈인 거야! 죄지은 놈들이 할 말이 뭐가 있어? 엄마가 그렇게 가르쳤니? 엄마는 너한테 그렇게 가르친 적 없다. 하다 하다 이젠 별짓을 다 하네. 내일 가서 담임선생님께 정중하게 잘못했다고 다시 빌어.

민우: 엄마는…, 선생님 편만 들어! 학창 시절에 그런 장난쯤은 칠 수도 있는 거지, 뭐. 《개밥바라기별》을 보니까 황석영 선생님은 더 심하게 지냈더구먼.

엄마: 아이고, 책을 읽어도 희한하게도 적용한다. 암튼, 내일 다

시 빌어.

민우 ⟨   알았어, 알았다고요.

결국 민우는 민우대로 기분이 나빠지고 나는 나대로 화가 나서, 대화는 이렇게 망쳐버렸다. 내가 가르치고 싶은 '양심 바른 시민'은 아이에게는 전혀 교육되지가 않는다. 아이는 자기가 잘못했다는 생각이 전혀 없어 보였고, 들킨 것에 대해 단지 '재수 없다'고 생각하며 억울해할 뿐이었으니까. 아, 배신자, 나쁜 놈… 셋 중에 사랑을 가장 많이 받은 녀석이고, 크는 게 아까울 정도로 귀여워했던 아이인데… 나는 어쩌자고 아이를 셋씩이나 낳았을까?

 아이의 일기

난 재수가 없었을 뿐이야!

- -

학교에서 사생대회를 하러 올림픽공원으로 갔다. 난 전날부터 신이 났다. 사생대회를 빨리 끝내고 놀러 가는 일종의 관례가 있기 때문이다. 이번에도 작품을 대충 마무리하고, 친구들과 피시방으로 가서 게임을 했다. 엄마한테는 앞의 아이들이 돈을 안 내고 튀어서 우리가 그 돈까지 덤터기를 쓸까 봐 도망갔다고 했지만, 사실은 돈을 안 내고 도망가기로 사전 모의를 했다.

사생대회가 끝날 즈음까지 게임을 하고, 잠시 나가는 척하며 우리는 돈을 내지 않고 도주에 성공했다. 모두 성공적으로 빠져나온 뒤, 우리는 완벽한 도주에 대해 이야기하고 있었다. 그러던 도중 한 친구의 휴대 전화가 울렸다. 멍청한 친구 녀석이 그 피시방에 회원 가입을 해서 전화번호가 남은 것이다. 머지않아 피시방 사장님이 도착했고, 우리가 발뺌을 하자, 결국 사장님은 선생님들을 만났다. 순식간에 인성부장 선생님과 다른 반 선생님들이 모이셨다. 우리는 2학년 전체 아이들 앞에서 벌을 받으며 사생대회를 마무리했다.

다음 날, 인성부로 불려 간 우리는 진술서와 반성문을 쓰고, 잔소리를 들어야 했다. 담임선생님의 전화로 집에 들어가자마자 부모님께도 엄청 혼났다. 한 녀석의 멍청한 실수 때문에, 우리의 완벽했던 계획은 무너지고 말았다. 정말 재수 없는 날이다.

NVC 생각

진정한 소통을 방해하는 요소들

우리의 본성은 연민으로 사람들을 대하고 연결을 유지하며 소통하는 것을 즐깁니다. 그러나 우리는 세상을 살아가면서 폭력적인 언어와 대화법을 배워, 다른 사람에게 상처를 주는 말과 행동을 합니다.

　우리를 연민으로부터 멀어지게 만들고 진정한 소통을 방해하는 요소들로는 도덕주의적 판단, 비교하기, 경쟁 부추기기, 상과 벌의 정당화, 책임을 부인하는 말들, 강요 등이 있습니다. 자! 앞서 민우 엄마가 한 말들에서 그런 요소를 찾아보고, 그에 대한 민우의 이야기를 들어볼까요?

도덕주의적 판단

　상대의 행동이나 말이 나의 가치관이나 생각과 일치하지 않을 때 상대에게 비난, 모욕, 반박, 분석, 진단, 꼬리표 붙이기 등을 하는 것을 말합니다.

비난

　"그 마음을 모르는 너희가 나쁜 놈들이지."
　"학교 행사 때 빠져나가서 피시방 가는 녀석이 지각이 대수냐?"
　"넌, 엄마가 이런 일로 담임선생님 전화를 받아야 되겠어?"
　"말하는 품새 좀 봐라."

 이런 식으로 이야기를 해봐야 피곤해지는 건 엄마다. 나는

미안한 표정을 하고 그냥 흘려들으면 되니까. 내가 잘못한 게 있다지만, 엄마가 하는 저런 식의 말에는 기분이 나빠질 수밖에 없다.

"그 마음을 모르는 너희가 나쁜 놈들이지"라고 말하실 때, "나쁜 놈들이니까 그냥 두세요. 우리 마음 몰라주는 선생님하고 엄마도 나쁜 사람들이에요" 하고, 나도 어른들을 비난하고 싶어진다. "학교 행사 때 빠져나가서 피시방 가는 녀석이 지각이 대수냐?"라는 말을 들었을 때는 "피시방 다니면서 지각까지 해볼까요?" 하고 대들고 싶었다. 그리고 자식에게 일이 생겼을 때 엄마가 담임선생님 전화를 받는 게 이상한 일인가. 이럴 때, 나는 정말이지 엄마랑 더 이상 말을 하고 싶지 않다. '말하는 품새 좀 보라고?' 부모님들도 가끔 자식들에게 기분 나쁜 품새로 말하실 때가 있고, 학교에서 선생님들의 폭언도 자주 듣는다.

엄마가 나를 비난할 때 이미 엄마 말을 안 듣고 있지만, 그 시간이 길어지면 더 화가 난다. 화가 나면 대들게 되고, 대들면 엄마도 당연히 화가 더 나실 거다. 그렇게 되면 금방 끝날 대화를 더 길게 끌게 되고, 서로 감정도 더 많이 상한다.

"넌 큰 실수를 했어."

"네가 나빠."

"그렇게 말하는 게 아니지."

"그러니까 네가 발전하지 못하는 거지."

"도대체 예의라고는 없구나."

"그렇게 무식하니 뭘 하겠어."

"넌, 진짜 철이 없어."

"게으른 데다가 고집까지 세고."

"네 잘못인 거 알지?"

이런 식의 비난하는 말을 들으면 대화하고 싶은 욕구가 사라진다. 이럴 때 우리의 소통은 끊어진다.

모욕

"너, 지금 제정신이야?"

"너, 미친 거 아니니?"

"못된 송아지 엉덩이에 뿔 난다더니…."

솔직히 엄마가 이런 말을 하면 마음속으로는 '그럼 제가 제정신이지, 돌기라도 했다는 거예요? 아니면, 제가 미친놈이었으면 좋겠어요? 엄마나 정신 차리세요'라고 말하고 싶어진다. 나를 정신이 나간 미친놈으로 보지 않고서야 저런 말은 할 수가 없다. "못된 송아지 엉덩이에 뿔 난다더니…"도 마찬가지다. 나보고 엉덩이에 뿔 난 송아지라고 말하는 거 아닌가? 난 송아지도 아니고 정신 나간 놈도 아니다. 내 친구는 "네가 계속 그런 식으로 살면 네 인생은 완전히 비곗덩어리야!"라는 말을 엄마로부터 들었다고 한다. 그날 이후로 친구는 엄마랑 대화를 거의 안 하고 지낸다.

"생각이 있니, 없니?"

"이게 돼지우리지, 사람 사는 방이냐?"

"인간이면 그렇게는 못 한다."

"네가 고등학생 맞아? 지나가는 개가 웃겠다."

"그냥 차라리 나가 죽어!"(내 친구는 엄마가 이 말을 한 것을 후회하게 하려고 진짜 자살을 생각하기도 했다.)

이런 모욕적인 말을 들을 때 우리는 귀를 닫아버린다는 것을 어른들은 기억하시기 바란다.

반박

"시끄러, 이 새끼야! 뭘 잘했다고 꼬박꼬박 말대꾸야."

엄마는 내 말을 끝까지 들어주는 경우가 별로 없다. 내가 큰소리로 대들면 엄마는 "시끄러!"라고 소리를 지른다. 그러면 질려서 더 말할 의욕을 잃어버린다.

"웃기지 마."

"말도 안 되는 소리는 하지를 마라."

"됐거든…. 너나 잘해."

"네가 대학에 붙으면 내 손에 장을 지진다."

이렇게 반박하는 말을 들으면 관계를 끊고 싶다. 그리고 우리는 몹시 외로워진다. 만일 내가 엄마에게 "엄마 말이 틀리거든요!", "엄마가 지난번에는 이렇게 말하지 않으셨다고요!", "제 말이 진실이면 엄마는 어떻게 하실 건데요?" 하고 말한다면 엄마의 반응은 안 봐도 뻔하다!

분석과 진단

"넌 도대체 누굴 닮은 거야?"

"엄마가 막내라고 귀엽다, 귀엽다 하고 키웠더니 엉뚱한 짓을 하고 다녀?"

"하나를 보면 열을 아는 거야."

나 참, 내가 누구를 닮았겠어? 분명히 아빠나 엄마, 아니면 할머니나 할아버지라도 닮았겠지. 내가 낳아달라고 원한 것도 아니고 순전히 자기들 마음대로 이 세상에 낳아 고생시키면서, 내가 누구를 닮은 거냐고? 엄마는 내 행동이 엄마 맘에 안 들면 늘 이런 식으로 이야기한다. 막내라서 너무 귀여워했더니, 아빠가 너무 예뻐해서, 약해서 봐줬더니…. 이유도 참 많다. 엄마가 이런 말을 꺼내면 나는 '또 시작이군!' 하는 생각이 든다. 더 이상 말을 듣기도 싫고 하고 싶지도 않다.

우리가 부모님으로부터 당하는 분석과 진단은 정말 여러 가지다.

"넌 누굴 닮아서 그렇게 덜렁대니?"

"아무래도 성격에 문제가 있어."

"산만한 게. 검사를 받아봐야 할 거 같아."

"신생아 때 인큐베이터에서 커서 그런가 봐."

"공부 잘하는 누나 밑에서 주눅이 든 거지 뭐."

"아무래도 어릴 때 남이 키워줘서 그런 거 같다."

"집안 대대로 내려오는 안 좋은 버릇인 거 같아."

"청소년 우울증인지도 몰라."

"ADHD인 거 같아."

이런 말을 할 때 부모님들은 마치 소아정신과 의사라도 된 것 같다. 그렇게 유능하면서 우리들 마음은 왜 잘 모르실까? 알다가도 모를 일이다. 이런 분석과 진단은 이제 그만하셨으면 좋겠다.

꼬리표 붙이기

"우리 예쁜 강아지!"
"너희는 도둑놈인 거야!"
"학생이라는 놈들이⋯."
"죄지은 놈들!"

💬 사실 "우리 예쁜 강아지"라는 말이 듣기 싫은데, 엄마가 나를 그렇게 부르면서 행복해하시기 때문에 그냥 참고 있다. 나는 엄마와 아빠를 기분 좋게 해주는 강아지가 아니다. 내가 부모님 마음에 드는 예쁜 짓을 못 하면 엄마는 괴물로, 아빠는 야수로 변하면서 왜 저런 말을 하실까?

야단칠 때도 그러신다. "나쁜 놈!", "도둑놈!", "죄지은 놈들!" 이런 꼬리표를 붙이고 더 심하게 화를 내신다. 내가 항상 잘못하거나 늘 이상한 행동을 하는 것도 아닌데, 친구들과 도매금으로 저런 이름표를 다는 것은 너무 속상하다.

"이 멍청아."
"지겨운 말썽꾸러기."
"너무 예쁜 막내."
"넌 내가 존재하는 이유야."

더 이상 이런 꼬리표는 No, 거절한다!

아빠가 "우리 민우, 참 잘하지!", "막내가 제일 착해"라고 말하시면 나는 갑갑하다. 왠지 "민우, 더 잘해야 한다", "막내야, 더욱 착해져라"로 들린다. 그러려면 내가 원하는 것을 더 양보해야 한다. 엄마가 "넌 나의 천사!", "우리 박사님!", "똘똘이!", "귀여운 내 새끼"라고 부르실 때도 마찬가지다. 나는 그냥 자유롭게 내가 원하는 삶을 살고 싶다.

💬 비교하기

자신의 과거와 현재를 비교하기도 하고, 타인과 나를 비교하기도 하면서 삶을 비참하게 하고 불행하게 만듭니다.

"형이나 누나는 이런 행동 한 번도 안 했어."
"엄마, 아빠도 학교 다니면서 반성문이라는 거 써본 적 없고."

💬 나는 형이나 누나가 아니다. 엄마, 아빠도 아니고. 나는 그냥 나일 뿐이다. 비교당하는 것은 정말 참을 수가 없다. 난 막내라서 형이랑 누나와 자주 비교를 당한다. 거기다가 사촌들, 친구들, 요즘 제일 무서운 엄친아(엄마 친구 아들)가 나와 비교 대상이다. 난 이 정도면 착한 편이다. 내 친구들 중에는 나보다 공부 못하는

아이들도 많고 심지어는 부모님과 싸우면서 욕하는 아이들도 있다는데, 엄마는 그 아이들과 나를 비교하지는 않는다. 늘 잘난 애들이랑만 비교한다. 나도 그렇게 못난 건 아닌데….

내가 듣기 싫은 비교하는 말들은 다음과 같다.

"준민이는 집이 가난해서 소년 가장 역할을 하면서도 공부만 잘하더라."
"누나만큼만 해라."
"형아가 너만 할 때는 안 그랬어."
"엄마는 방도 없이 헌책으로만 공부해도 매일 1등만 했다."
"아빠 어릴 때는 용돈 같은 건 받은 적이 없었다."

엄마는 알고 계시나 모르겠다. 엄친아 대신에 내친부(내 친구 부모)도 있다는 것을. 엄마가 나를 다른 아이들과 비교하는 만큼 나도 엄마와 아빠를 내 친구 부모님들과 비교하고 있다는 것을 좀 아셨으면 좋겠다. 난 우리 엄마를 이런 식으로 비교하곤 한다. "준성이 엄마는 우리하고 대화가 잘 통하는데 우리 엄마는 꽉 막혔어"라고 말이다.

💬 경쟁 부추기기

경쟁 부추기기도 비교의 한 형태로 우리의 삶을 소외시키는 데 일조합니다.

"민종이를 이겨라."

"너도 서울에 있는 대학은 가야지."

"남들 논다고 너도 놀면 어떻게 되겠니?"

엄마가 경쟁을 부추기는 말을 하실 때마다 숨이 막힌다. 엄마가 나만 봐주고 내 능력만큼만 발전할 수 있도록 격려와 지원을 해주셨으면 좋겠다. 어른들은 바보다. 왜 허구한 날 자식들의 부족한 부분을 들춰내며 속상해할까? 모든 사람에게는 아무리 작더라도 그 나름대로 능력이 있다. 부모님들이 우리 안에 깃든 그 귀한 능력을 찾는다면, 서로 훨씬 행복해질 수 있다.

💬 상과 벌의 정당화

상이나 벌을 정당화하면 상대에게 선택의 여지가 없다는 암시를 줌으로써 진실한 소통을 가로막습니다.

"얼마나 못되게 굴었으면 선생님이 그렇게 화가 나서 전화를 다 하셔?"

"죄지은 놈들이 할 말이 뭐가 있어?"

💬 나도 교무실로 불려 다니면서 담임선생님에게 훈계를 듣고 싶지는 않다. 하지만 우리 앞에서 담임선생님이 흥분한 모습으로 각자의 엄마에게 전화를 거는 것도 당연한 일은 아니다. 아무리 우리가 잘못했다지만 말이다.

이미 엄마한테 미안한 마음이 있고, 사생대회 당시 2학년 전체 아이들 앞에서 이미 충분히 쪽팔릴 거 다 팔렸다. 잘못을 충분히 알고 있는 사람한테 그런 식으로 벌받아 마땅하다고 강조하는 것은 이해가 안 된다. 차라리 엄마가 "담임선생님께서 너희들 앞에서 전화해서 깜짝 놀랐지? 무안했겠다"라고 말하셨다면, 난 엄마가 두고두고 고마웠을 것 같다.

"너는 벌받을 만한 짓을 했어."

"네가 상을 받는 것은 당연하지."

"엄마가 이렇게 희생을 하는데 그 정도는 네가 해줘야지."

"네가 담임선생님께 칭찬을 들어 마땅하지."

상과 벌을 당연시하는 이런 말들은 우리에게서 따뜻한 마음을 이끌어내는 데 아무런 도움도 되지 않는다. 정말이지 듣기 싫은 말이다.

💬 책임을 부인하는 말들

자신의 책임을 부인하면, 우리 각자가 느낌과 생각이 살아 있는 존재임을 잊게 만듭니다.

"엄마는 너한테 그렇게 가르친 적 없다."

💬 엄마는 내가 잘하고 착하고 예쁠 때만 우리 엄마이고 싶은 건 아닐까? 내가 실수하거나 좋은 평가를 받지 못하는 행동을 할 때, 엄마는 종종 "엄마가 가르친 적 없으니 다 네 책임이다"라고 말하시곤 한다. 그리고 가끔 이런 말도 하신다. "엄마니까 너를 야단치는 거야." 그러면 나는 "사춘기니까 대들지"라고 받아친다. 이럴 때, 엄마는 "나는 갱년기다. 어쩔래?" 하시며 웃는다. 서로 책임을 회피하기는 마찬가지인 셈이다. 이럴 때 나는 엄마의 더 큰 사랑이 그립다.

우리도 마음만 먹으면 어른들처럼 책임을 회피하는 말들을 얼마든지 할 수 있다.

"난 무조건 그 선생님이 싫어."

"괜히 우울하단 말이야."

"걔가 먼저 때려서 저도 때렸어요."

"학생이니까 학교에 갈 뿐이에요."

"놀고 싶은 충동을 억제할 수 없었어요."

우리가 이렇게 말한다면 아마 아빠나 엄마도 더 이상 우리와 대화하고 싶지 않으실 거다.

강요

상대방에게 강요를 당하면 어떤 일을 하고 싶다가도 하기 싫어집니다. 자율성의 욕구가 현저히 침해되기 때문이지요.

"내일 가서 담임선생님께 정중하게 잘못했다고 다시 빌어."

엄마는 선생님께 사과하라고 강요를 하신다. 우리 형제들이 싸울 때도 마찬가지다. "자, 서로의 눈을 바라봐. 그리고 미안하다고 얘기해. 그다음 서로 웃으면서 껴안아." 어릴 때는 그것이 재밌기도 하고 웃기기도 했다. 하지만 이젠 모두 고등학생, 중학생이 되어 키도 훌쩍 커버리고 생각도 각자 다 다른데 아직도 우리에게 "껴안아. 화해해!"라고 강요하면 난 신경질이 난다.

난 엄마가 "엄마 생각에는 네가 내일 선생님께 가서 다시 '죄송하다'고 말씀드리는 게 좋겠는데 어때?"라고 말하신다면 내가 선택할 수 있어서 좋을 거 같다. 내가 생각해보고 필요하다면 다시 선생님께 가서 '힘들게 해드려서 죄송하다'고 말할 수 있을 텐데, "다시 빌어!"는 "안 빌면 죽는다!"로 들린다. 그래서 알았다고 대답은 했지만 다음 날 선생님을 찾아가지는 않았다. 사실은 단지 엄마랑 이야기를 빨리 끝내고 싶어서 한 대답일 뿐이다.

"명령에 따라라."
"함부로 말하지 말고 입 다물고 있어."
"네 맘대로 결정하면 안 돼."
"당근 골라내지 말고 다 먹어."

이런 식의 강요는 반발만 더 하고 싶게 만든다.

●● 소통을 방해하는 말에서 벗어나기

자, 그럼 엄마가 담임선생님의 전화를 받고 나서 민우와 비폭력대화 모델로 이야기를 나누는 상황을 상상해볼까요?

엄마 〈	민우야, 엄마가 낮에 담임선생님한테 전화를 받았어. 너희가 피시방 갔다가 돈을 안 내고 나왔다고 하시더라. (관찰)
민우 〈	알아요. 우리들 다 모아놓고 전화한 거예요.
엄마 〈	엄마, 당황스럽더라. 깜짝 놀랐어. (느낌)
민우 〈	저도 민망했어요.
엄마 〈	엄마는 우리 모두가 정직하게 살아가길 바라고, 너를 늘 신뢰하며 살고 싶어. (욕구)
민우 〈	알겠어요.
엄마 〈	다음부터는 네가 이용한 것에 대한 돈을 꼭 내겠다고 지금 약속할 수 있겠니? (부탁)

이렇게 비폭력대화의 네 단계인 관찰, 느낌, 욕구, 부탁으로 표현하면 소통을 방해하는 요소들로부터 벗어날 수 있습니다. 연결을 잃지 않으면서 내가 원하는 것이 무엇인지, 필요한 것이 무엇인지를 함께 나눌 수 있다면 세상은 더 따뜻해지지 않을까요?

PART 02

사춘기 내 아이
비폭력대화로 사랑하기

관찰

 엄마의 일기

가슴이 벌렁거리는 선생님의 전화

오늘은 장을 보는 날이다. 아이가 셋인 우리 집은 식비가 만만치 않다. 많이 먹을 때이기도 하지만 셋이 어쩌면 그렇게 식성이 다른지…. 어떻게든 아껴보려고 쿠폰을 챙겨 들고 나와서 열심히 값을 비교하던 중에 전화가 왔다. 그런데 큰아들 학교 전화번호다. 무슨 일이지?

엄마 〈   여보세요?

선생님 〈   민혁이 어머님이시지요?

엄마 < 예, 그런데요.

선생님 < 저는 민혁이 영어선생님입니다.

도대체 무슨 일일까? 담임선생님도 아니고, 우리 민혁이가 전교 1등 하는 아이도 아닌데, 왜 학과 선생님께서 전화를 다 거셨을까? 이런 경우는 아이들 키우면서 처음이다. 가슴이 두근거린다.

선생님 < 제가 민혁이네 반에 일주일에 네 번 들어가는데요.

엄마 < 예….

선생님 < 아이가 도대체 수업에 참여를 안 하네요? 수업 시간마다 잡니다. 민혁이가 집에서 밤에 안 자나요? 아니면 밤새 게임이라도 하나요?

엄마 < 아니요. 어제도 11시 30분에 자던데요. 게임은 정해놓은 요일에만 합니다.

선생님 < 이상하네요. 그런데 수업 시간에 심하게 잠을 잡니다. 다른 아이들은 졸다가도 주의를 주면 깨서 수업을 받는데, 민혁이는 야단을 쳐도 아랑곳하지 않습니다. 저는 이런 아이를 가르칠 수가 없습니다.

도대체 이게 무슨 일이란 말인가? 애가 어쩌자고 이 지경까지 갔는지…. 마음이 무너져 내리는 것 같다. 태도가 얼마나 불량했으면 직접 전화를 하셨을까? 선생님 입장이 이해가 가면서도 가슴 한쪽에서는 서운함이 밀려왔다. 학기가 시작한 지 이제 한 달 반 됐건만 '이런 아이는 가르칠 수 없다'니, 도대체 나보고 어쩌라는 말인가? 아이도, 선생님도 기가 막힌다. 막 눈물이 터질 것 같은데, 겨우 마음을 추스르고 카트를 한쪽 구석에 밀어붙인 후 전화에 집중했다.

얼마 전에 배운 비폭력대화가 생각났다. 선생님은 지금 흥분하신 게 분명하다. 이분의 마음을 읽어드리고, 내 표현을 제대로 해보자.

> 엄마 〈   예? 그 정도인가요? 얼마나 답답하시고 화가 나시면 전화까지 하셨겠어요? 쉽지 않은 일을 하신 거 알고 있습니다. 그런데 선생님, 저도 지금 너무 당황스럽고 많이 부끄럽습니다. 제가 어찌할 바를 모르겠네요.

선생님 감정을 읽어드리자, 다행스럽게도 선생님께서 조금 진정이 된 듯했다.

> 선생님 〈   아니, 그래서 아이 모의고사 성적을 보니 영어를 잘하더라고요. 아이에게 물어보니 영어 과외를 한다고 하던데,

혹시 과외 공부를 하느라 영어 수업을 무시하나 하는 생
각도 들고….

엄마 ⟨ 영어를 이번에 다른 과목보다 잘 보긴 했는데, 과외가 문
제가 아니고 아이가 요즘 무기력에 빠진 거 같아요. 영어
뿐만 아니라 전반적으로 학습에 대한 열의가 없어서 집
에서도 걱정이 너무 많아요. 죄송합니다. 제가 아이와 대
화를 해서 수업에 집중할 수 있도록 하겠습니다.

선생님 ⟨ 예, 부탁드립니다.

엄마 ⟨ 선생님, 감사합니다. 선생님 전화가 아니었다면 아이가
수업 시간에 조는 것도 모르고 지낼 뻔했어요. 그리고 이
렇게 직접 전화를 걸어주시니, 선생님의 정성과 열정이
느껴져서 학부모로서 안심이 됩니다. 계속 따뜻한 관심
을 가져주시고 제가 알아야 할 사항이 있으면 언제라도
전화해주셔요.

비폭력대화를 기억해내서 선생님과의 통화를 애써 잘 마무리
한 것 같은데, 마음은 여전히 진정되지 않는다. '자기 공감'도 배
웠건만 잘 모르겠다. 기둥에 숨어서 엉엉 울었다. 아이들을 키우
면서 늘 기쁜 일만 기대할 수는 없겠지만, 적어도 이런 전화는 받
고 싶지 않다.

나는 몇 년 전 민혁이의 사춘기가 시작되고부터 학교 전화번

호가 뜨면 가슴이 콩알만 해진다. 학교에서 전화가 오면 늘 어떤 사건이 있었고, 그 사건 뒤에는 민혁이가 있었다. 엄마가 된다는 건 너무도 고되고 험한 길이다.

마음을 가다듬고 장을 본 다음에 집에 와서 아이들이 좋아하는 음식을 만들기 시작했다. 막내부터 한 명 한 명 집으로 들어오기 시작한다. 민혁이는 현관을 들어서면서부터 설레발이다.

민혁 ≤   아이, 짜증 나. 괜히 나만 갖고 난리야.

보아하니 영어선생님께서 전화하신 사실을 아는 눈치다.

엄마 ≤   집에 오자마자 무슨 소리야?
민혁 ≤   영어! 영어 말이야. 나만 자냐고. 애들, 반은 잔다고. 애들 안 자게 하려면 재미있게 가르쳐야지. 얼마나 재미없으면 자겠냐고. 그리고 왜 나만 가지고 난리냐고? 키가 큰 게 죄지, 내 참….
엄마 ≤   너, 지금 엄마 들으라고 하는 이야기야? 아까 마트에서 장 보다가 전화 받고 얼마나 놀랐는지 몰라. 엄마가 학교에서 전화 오면 가슴이 철렁 내려앉는다고 말했던 거 기억나니? (학기 초에는 담임선생님 전화를 받고 얼마나 가슴이 뛰던지…. 급식 검수를 도와달라는 내용이었는데 애가 학교

에서 무슨 사고를 친 줄 알고 지레 겁을 먹었었다.) 영어선생
님 전화 받고 민망하고 당황스럽더라. 어떻게 된 일인지
자세히 이야기해줄 수 있어?

민혁 : 영어 시간에 제가 자주 졸았거든요. 오늘도 졸았는데 선
생님이 화가 나서 교실 앞에 나가서 20분 동안 '엎드려뻗
쳐' 하래요. 그래서 제가 한 점 흐트러짐 없이 꼿꼿한 자
세로 벌섰지요. 그리고 교무실로 오라고 하셔서 따라갔
고, 모의고사 성적표 보시더니 엄마 전화번호 대라고 해
서….

엄마 : 이놈아, 그럴 땐 여러 점 흐트러져도 되는 거야. 선생님
께서 얼마나 미웠을까. 그리고 왜 자, 응? 넌 예의도 없
어? 어디서 선생님 수업 시간에 자냐, 이 녀석아! 애가
아주 공부를 안 하려고 작정을 했어. 아이고, 내가 미쳐
요, 미쳐!

배우면 뭐하나…. 아이 얼굴을 보자마자 기린은 잊어버리고
자칼로 퍼부어댔다. 한참을 난리 치다가 다행스럽게도 '아니, 이
렇게 아이랑 이야기를 끝내면 안 되지. 다시 정신을 가다듬자'라
는 생각이 들었다.

엄마 : 엄마가 생각하기엔 그 선생님이 담임도 아니신데, 엄마

한테 전화를 거는 것은 쉬운 일이 아니었다는 생각이 들
어. 너는 어떻게 생각해?

민혁 ≶ 그거야 뭐, 자기 맘이지.

엄마 ≶ 그렇게 말하지 말고 생각해 봐. 엄마는 적어도 그 선생님
한테는 학생들을 잘 가르치고자 하는 열정이 있는 것만
은 분명하다고 생각해.

민혁 ≶ 나도 알아요, 인간성이 좋다는 것은.

엄마 ≶ 네가 만약에 학교 선생님이 되어서 열심히 수업하는데
아이들이 꾸벅꾸벅 졸고, 깨워도 안 일어난다면 기분이
어떻겠니?

민혁 ≶ 괜찮아요. 전 재미있게 잘 가르칠 테니까요.

엄마 ≶ 어이구, 이 녀석아, 유구무언이다.

난 이럴 때 우리 아들과 말하고 싶은 마음이 싹 가신다. 이런
상황에서 가끔 난 바보와 이야기하는 기분이 든다. 사춘기 아이들
은 마치 다른 별에서 온 외계인 같다. 그래도 그동안 배운 비폭력
대화에서 말하는 관찰을 하긴 한 것 같은데, 왜 대화가 지속되지
않았을까?

재미없는데 어쩌라고?

학교 영어 시간은 정말 쓸모없는 시간이다. 내가 어릴 적 배운, 이미 다 아는 내용을 시작부터 천천히 가르친다. 그래서인지 반 아이들은 대부분 다른 공부를 하거나 졸고 있다. 나도 마찬가지로 수업 시작하고 얼마 지나지 않아 책을 덮고 졸기 시작했다. 졸음이 오기 시작하면 제어가 잘 안 된다.

선생님은 처음에 주의를 주더니 내가 계속 졸자 앞으로 나와서 엎드려뻗쳐를 시키셨다. 이게 무슨 쪽팔리는 일이람? 친구들도 다 자거나 다른 짓을 하는데 왜 나한테만 이러는가? 이해할 수 없다. 한 번만 더 벌을 주라지. 그땐 신고하고 말리라.

선생님이 점심시간에 나를 부르셨다. 내게 조는 이유를 묻기에 다 아는 것이라고 했더니 모의고사 영어 성적을 들춰보셨다. 당연히 내 성적은 높았고, 선생님의 표정은 일그러졌다. 그러더니 사과도 없이 어머니의 전화번호를 물어보시는 게 아닌가? 다시 생각해도 어이가 없다. 발음도 엉망이면서, 도대체 뭘 가르친다고. 나는 이 일이 있고 나서도, 똑같이 졸고 벌을 받고를 반복한다. 영어를 잘하는 내게 뭐라고 하기 전에 본인의 실력부터 키우는 건 어떨지….

집에 오자마자 나는 영어선생님이 이상하다며 설레발을 쳤다. 전화번호를 물으신 이상 당연히 엄마한테 모든 사실이 알려졌을 것이고, 어떻게든 덜 혼나기 위한 수법이다. 우리 엄마는 잔소리를 시작하면 보통 4절이 기본인데 웬일인지 오늘은 1절만 하고 끝내셨다. 뭘 배우신다더니 그 덕분인지도 모르겠다.

 NVC 생각

평가와 관찰을 분리하기

비폭력대화의 첫 번째 요소는 관찰입니다. 관찰을 하기 위해서는 평가를 분리해야 합니다. 우리는 삶 속에서 다른 사람이나 자신에 대해 수없이 평가를 반복하고 있고, 그것은 비난으로 이어지기 쉽습니다. 그렇지만 우리 삶에 영향을 미치는 많은 것들을 평가 없이 관찰할 때 우리는 평화를 유지할 수 있습니다. 물론 평가를 전혀 하지 말라는 것이 아닙니다. 평가와 관찰을 분리하라는 말이지요. 평가와 관찰을 분리하지 못할 때, 우리는 서로 이해하기 어려워집니다.

진심을 갖고 소통하려 할 때 관찰은 가장 기본이 되는 중요한 요소입니다. 관찰이란 판단이나 평가를 하지 않고 있는 그대로 보고, 들리는 그대로 듣는 것을 말합니다. 내가 본 것을 사진 찍듯이 말하고, 내가 들은 것을 녹음하듯이 그대로 표현하는 것이지요.

민혁이 엄마는 비폭력대화를 배운 경험이 있어서 순간순간 노력은 했으나 관찰 부분에 아쉬움이 있어요. "얘가 어쩌자고 이 지경까지 갔는지…", "'이런 아이는 가르칠 수 없다'니, 도대체 나보고 어쩌라는 말인가? 아이도, 선생님도 기가 막힌다", "넌 예의도 없어? 어디서 선생님 수업 시간에 자냐, 이 녀석아! 얘가 아주 공부를 안 하려고 작정을 했어" 등등의 표현은 관찰이 아니고 엄마의 평가나 판단에 해당합니다.

그렇다면 엄마의 말에서 평가와 판단을 분리하고 관찰로 바꾸어볼까요?

"얘가 어쩌자고 이 지경까지 갔는지…."

→ "민혁이가 영어 시간에 졸았다."

"'이런 아이는 가르칠 수 없다'니, 도대체 나보고 어쩌라는 말인가? 아이도, 선생님도 기가 막힌다."

→ "선생님께서 '이런 아이는 가르칠 수 없다'라고 말씀하셨다."

"넌 예의도 없어? 어디서 선생님 수업 시간에 자냐, 이 녀석아! 얘가 아주 공부를 안 하려고 작정을 했어."

→ "네가 영어 시간에 잔다는 말을 들었을 때 엄마는 너무 걱정되고 당황스러웠어."

평가나 판단은 말하는 사람의 감정을 부풀리고, 듣는 사람에게는 저항감을 불러일으킵니다. 예를 들어 부모가 아이에게 "방이 이게 뭐냐? 사람 사는 방이 아니구나"라고 얘기한다면, 아이는 '부모님이 보시기에 방이 아주 더럽구나. 청소해야겠어'라고 생각하는 것이 아니라 '그래, 나는 사람이 아니란 말이지? 그렇다면 계속 짐승처럼 굴어보지 뭐'라고 생각할지도 모릅니다. 그리고 이렇게 말할지도 모르겠네요. "그래요. 저는 사람이 아니니까 이대로 살게 그냥 두세요"라고.

끔찍하지요? 관찰로 표현을 한다면 이렇게 말할 수 있겠죠! "교복이 침대 위에 있네. 어제 먹던 과자는 책상 위에 있고"라고. 어색한가요? 아니에요. 한번 해보세요. 있는 그대로 카메라를 돌리듯이 표현하면, 아이는 자기 눈으로 침대 위의 교복과 책상 위의 과자 봉지를 보게 된답니다. 그런 다음에는 어떤 반응을 할 텐데, 바로 정리를 하든 이따가 치우겠다고 하든, 감정이 상해서 대항하지는 않을 것입니다.

마음을 평화롭게 유지하는 데는 관찰이 아주 큰 역할을 합니다. 인도의 사상가인 지두 크리슈나무르티(Jiddu Krishnamurti)는 "평가가 들어가지 않은 관찰을 하는 것이 인간 지성의 최고 형태"라고 말합니다. 그만큼 관찰하기가 어렵다는 말이겠지요? 그래도 한번 도전해보세요. 어려운 만큼 가치가 있으니까요.

💬 우리 마음은 이래요!

어른들한테 부정적인 평가를 받으면 우리는 잘하고 싶은 마음이 없어집니다. 예를 들어 "한심한 것 같으니라고, 잘하는 게 한 가지라도 있어야지!"라는 말을 듣는다면 우리는 아무것도 하고 싶지 않을 거예요. '한심한 것'이라는 평가를 들은 이상 무언가를 잘하거나 노력할 필요가 없어지니까요.

또한, 긍정적인 평가를 받아도 두려운 마음이 든답니다. 그 평가를 유지해야 하니까요. "너는 어쩌면 이렇게 예의가 바르니!"라고 말하시는 분께는 뵐 때마다 저의 기분과는 상관없이 인사를 해야 하고요. "너 공부 잘하는 덕에 엄마가 살 수 있어"라는 말을 듣는 친구는 엄마를 살리기 위해서 계속 좋은 성적을 유지하느라 애써야 해요. 어떤 때는 어른들이 일부러 칭찬하면서 우리를 어른들의 의도대로 움직이게 하려고 조종한다는 생각이 들어요. 관찰하기를 통해서 우리를 있는 그대로 봐주세요.

친구들에게 부모님이나 선생님에게서 듣는 평가 중에 제일 기분이 나쁜 말이 뭔지 물어봤어요.

"네가 하는 일이 그렇지 뭐."
"~ 하는 사람은 너밖에 없어."
"알아서 한다면서 그러고 있니?"

대신 이렇게 말해주시면 우리도 알아들을 수 있답니다.

"화분을 쓰러뜨렸구나."
"아이스크림 껍데기가 책상 위에 있네."
"7시까지 쉬겠다고 했는데 8시다."

"넌 이런 거 먹을 자격이 없어!"

비폭력대화 워크숍 중에 한 엄마가 나눈 일화입니다.

아이와 함께 햄버거 가게에 갔을 때의 일이에요.

저렴한 런치 세트를 파는 시간대여서 그런지, 사람들이 줄을 길게 서 있었지요. 아이는 "배가 고픈데 왜 이리 사람이 많으냐?"고 짜증을 냈어요. 투정 부리지 말라고 눈을 부릅뜨면서 주의시켜도 아이는 계속했습니다. 6학년이나 된 아이가 상황 판단도 하지 못하고 창피하게 투덜대는 게 너무 화가 나서, 주문한 햄버거를 받아 든 저는 아이 손을 세게 잡아끌며 쓰레기통 앞으로 갔습니다. 그리고 햄버거를 쓰레기통에 버리고는 아이에게 엄하게 이야기했어요.

"넌 이런 거 먹을 자격이 없어!"

저는 소담이한테 옳은 것을 가르치려고 노력했어요. 그렇게 키우기 위해 잘못하면 벌을 주기도 했고요. 따끔하게 가르치려고 햄버거도 버린 거예요.

소담이는 원래 참을성이 없어요. 아기 때부터 칭얼대기 일쑤이고 집요한 애예요. 자라면서 점점 더 이기적인 성격이 되었지요. 어릴 때부터 그 못된 성격을 고쳐주려고 애를 썼는데, 애가 성격이 얼마나 강한지 하나도 바뀌지를 않아요.

얼마 전엔 학교에서 선생님이 조별 활동을 잘했다며 사탕을 나눠 주셨는데, "상으로 주려면 건강에 좋은 것을 주셔야지, 이빨 썩게 사탕을 주시면 어떡해요?"라며 선생님께 따져 묻더래요. 그리고 며칠 전 시어머님 생신 때 친척들이 모여 식사하는 자리에서 제 밥그릇에 밥풀이 묻은 것을 보고 "엄마는 농부의 수고로움을 잊었어요? 엄마도 나처럼 싹싹 긁어 먹으세요"라며 지적을 하더라고요. 어른들 앞에서 자식한테 모욕을 당해서 어찌나 무안하고 당황스럽던지….

소담 엄마의 이야기를 들으면서 전 가슴이 아프고 안타까웠습니다. 소담이 엄마는 햄버거 가게 일화를 말하는 동안 소담이를 평가하고 판단하는 표현을 많이 했어요. "참을성이 없어요, 칭얼대기 일쑤이고 집요한 애, 이기적인 성격, 못된 성격, 성격이 얼마나 강한지, 모욕을 당해서" 등은 모두 관찰이라고 할 수 없습니다. 엄마가 관찰로 표현할 수 있었다면 소담이와 소통하기가 좀 더 쉬웠을 것입니다. 엄마의 마음도 진정되고 아이도 엄마의 말에 귀 기울일 수 있었을 테니까요.

교육 방법에는 아쉬운 점이 있지만, 소담 엄마가 얼마나 자녀 교육을 위해 애썼는지는 충분히 느낄 수 있었습니다. 어느 부모가 제 자식이 반듯하게 크기를 원하지 않을까요? 소담 엄마에게 현재의 느낌과 욕구에 집중할 것을 권했습니다.

"속상하고 맥이 빠져요. 실망스럽고요. 전 소담이가 정의롭게 크기를 원했어요. 잘 키웠다고 인정받고 싶었는데⋯."

그다음에는 지적하고, 벌을 주고, 야단을 치는 과정에서 충족되지 못한 욕구를 찾아보게 했습니다.

"소통과 배려, 그리고 수용이에요."

소담이는 쓰레기통에 버려지는 햄버거를 보며 무슨 생각을 했을까요? 이때 배고파서 짜증 내며 투정 부리는 아이의 느낌과 욕구를 좀 더 적극적으로 읽어줬다면 어땠을까요?

배고픈데 줄을 서서 기다리려니 힘들지? 빨리 먹고 싶은데, 짜증도 나고. 우리, 어떻게 하는 것이 좋을까? 엄마는 조금 더 참고 기다리려고 하는데.

소담 엄마는 아이와 소통하는 것을 이번 교육의 목표로 삼고, 소통을 방해하는 말들을 스스로 금지하기로 했습니다. 본인이 가장 자주 사용하는 지적하기, 평가하기, 판단하기, 강요하기 등을 멈추고 아이의 행동에 대해 '관찰로 표현하기'를 실천하기로 했습니다. 하지만 프로그램이 진행되는 동안 노력에도 불구하고 아이의 반응이 기대만큼 나오지 않아서, 또는 도덕적 판단에 의한 화를 자제하지 못해서 계속 좌절하더군요.

그러던 어느 날, 소담 엄마가 드디어 아이와 연결되는 경험을 통해 희망을 찾았습니다. 들어보실래요?

어제, 시어른들이 오셔서 냉면을 만들어 먹었어요. 다 먹고 나자 소담이가 그릇을 들고 주방으로 옮기더라고요. 그런데 대자리에 걸려 넘어지면서 냉면 국물을 다 쏟았지 뭐예요. 고개를 들어 흘끗 제 눈치를 살피는데, 그때 마침 '기린'이 기억났어요. 그래서 평가하지 않고 관찰로 이렇게 얘기했지요.

"놀랐어? 어디, 우리 소담이 안 다쳤니? 국물이 쏟아졌네. 소담이가 엄마 도와주려고 그랬구나. 속상하겠다."

그랬더니 아이가 "엄마!" 하며 엉엉 울더라고요. 소담이를 안아주니 괜스레 저도 눈물이 났어요. 연결이라는 것, 소통이라는 것이 뭔지 알 듯해요. 아직 우리에게 희망이 있다는 확신이 들어서 기뻤어요.

사람은 누군가 내 마음을 알아줄 때 기쁨과 감사의 눈물을 흘립니다. 인간성을 유지할 수 있는 능력을 키워준다는 말은 이럴 때 적용되는 게 아닐까요?

이 이야기를 듣는 저도, 다른 참가자들도 너무너무 기뻐서 축하의 손뼉을 쳤던 기억이 납니다. 그날 이후로 소담 엄마의 얼굴은 눈에 띄게 밝아지고 편안해지더군요. 변화하는 참가자들이 있어서 보람과 행복을 느끼는 순간입니다.

관찰인가, 평가인가?

다음을 읽고, 평가가 섞이지 않은 관찰을 나타내는 문장을 고르세요. 관찰이 아닌 문장은 관찰을 표현하는 문장으로 바꾸어보세요.

1 "어린 것이 어디서 눈을 치켜뜨고 어른한테 대들어?"
2 "우리 딸은 중학교 3년 동안 늘 영어 점수를 90점 이상 받았다."
3 "우리 아이는 버르장머리가 없다."
4 "언니면 언니답게 굴어야지."
5 "우리 아들은 맨 뒷줄에 앉아 있다."
6 "넌 시험 기간에 공부를 전혀 안 했다."
7 "우리 아이 담임선생님은 10센티미터 굽이 달린 구두를 신고 다니신다."
8 "우리 딸은 여우 같다."
9 "영동일고 교복 셔츠는 줄무늬 셔츠다."
10 "버들초등학교는 운동장이 좁다."

11 "민혁이는 182센티미터고, 민서는 170센티미터고, 민우는 165센티미터다."

12 "우리 어머니는 손자들만 좋아하신다."

13 "장성규의 유튜브 채널인 〈워크맨〉은 구독자가 384만 명이다."

14 "아이가 수업 시간에 잔다고 선생님에게 전화를 받았다."

15 "우리 아파트는 자연미가 없다."

16 "내 여동생은 방향 감각이 없다."

17 "우리 애 친구는 예의가 없어."

18 "현석이가 감기는 다 나았냐고 물었다."

19 "우리 엄마는 최고의 요리사다."

20 "준표는 여름 운동화를 다섯 켤레 가지고 있어."

연습 문제에 대한 민혁이의 대답

1 이 문장을 선택했다면 엄마와 저의 의견은 다른 거죠. '어린 것이, 치켜뜨고, 대들어?' 저는 이런 말이 평가라고 생각해요. 그렇게 말하시면 저는 더 거세게 반항하고 싶어져요. 그리고 저도 평가하게 되겠지요? "비폭력대화를 한다

는 엄마가 뭐 저래?" 하고요. "도대체 잘못한 게 뭐냐고 민
혁이가 엄마한테 말했다"가 관찰이랍니다.

2   빙고! 이 문제는 평가가 섞이지 않은 관찰이라는 데 엄마
랑 통했어요.

3   아빠, '버르장머리가 없다'는 문장은 평가라는 생각이 드
는데요. "나랑 이야기하다가 아이가 방문을 '쾅' 닫고 들어
간다"가 관찰이겠죠.

4   저는 이 문장이 평가라고 생각해요. "동생이 먹고 있는 아
이스크림을 달라고 했는데 주지 않자 빼앗아 먹었다"가 관
찰의 예라고 볼 수 있어요.

5   좋습니다! 우리는 이 문장이 관찰이라는 데 의견이 일치했
어요!

6   저는 '공부를 전혀 안 했다'는 평가라고 생각해요. 전혀 안
한 건 아니거든요. 그건 순전히 엄마 판단이에요! 구체적
으로 숫자를 넣어가며 이렇게 말해보시겠어요? "5일의 시

험 기간 동안 3일을 친구들과 놀다가 6시에 들어왔다"라
고요.

7 빙고! 잘 알고 있으시네요.

8 "우리 딸은 여우 같다"는 평가라고 생각해요. 민서 누나를
   관찰해보면, 제가 야단을 맞으면 TV를 보다가도 갑자기
   자기 방으로 들어가서 공부하더라고요. "우리 딸은 동생이
   아빠에게 꾸지람을 들으면 방으로 들어가서 공부를 한다"
   라고 해주시겠어요?

9 좋습니다. 빙고!

10 이 문장을 선택하셨어요? 저는 '좁다'는 표현은 평가라고
   생각해요. "버들초등학교에서는 100미터 달리기를 직선으
   로 할 수 없다"가 관찰의 예가 되겠지요.

11 빙고! 이 문장을 선택했다면, 우리는 관찰에 대해 의견이
   같습니다.

12 음… 이 문장이 관찰일까요? 저는 '손자들만 좋아하신다' 는 평가라고 생각해요. "지난번 가족 모임 때, 어머니는 손자들에게만 용돈을 주셨다"가 관찰의 예입니다. 실제로 저희 할머니는 가끔 그러시거든요. 어! 이건 비밀인데, 천기누설!

13 구독자가 384만 명이라니! 대단합니다. 비결은 '찐재미' 죠! 이 숫자는 유튜브 채널에서 확인했으니 관찰이 맞습니다.

14 빙고! 의견이 일치했어요.

15 No! '자연미가 없다'는 평가라고 생각해요. "우리 아파트는 신축한 지 1년 된 32층 고층 아파트다"가 관찰의 예입니다.

16 이건 명확한 평가이지요! "내 여동생은 우리 집에서 동서남북을 모른다"라고 하면 관찰이에요.

17 역시 관찰이 아니네요. "우리 애 친구는 나를 만났을 때 인

사를 안 한다"로 할까요!

18 네! 관찰입니다. "현석이는 다정하다"라고 말하면 평가가 되겠죠!

19 엄마가 들으면 기분 좋으시겠지만 관찰은 아니에요. "우리 엄마는 내가 해달라고 하는 메뉴를 그 자리에서 만들어 주신다" 이렇게 바꾸어볼까요?

20 정확한 관찰입니다. "준표는 사치스러워"라고 말한다면 평가가 됩니다.

느낌

경찰서에서 만난 딸

민서가 중학교 2학년 때의 일이다. 외출했다가 돌아와서 저녁 준
비를 하는데 전화가 왔다.

엄마 ː   여보세요?

경찰 ː   민서네 집이지요? 놀라지 말고 들으십시오. 여기는 경찰
         서입니다. 민서가 지금 이곳에 있습니다. 어머님이 나오
         셔야 하겠습니다.

엄마 ː   예? 우리 민서가 왜 거기 있나요?

경찰 ː 　친구를 때렸어요. 얼른 나오십시오.

이게 무슨 일인가? 전화를 끊고 나서 나는 한동안 넋을 놓고 있었다. 맥이 빠지면서 황당하고, 놀랍고, 걱정된다. 놀란 가슴을 다스리면서 택시를 타고 경찰서에 도착해보니 TV 뉴스에서 나오는 것처럼 경찰관 앞에 아이들이 일렬로 앉아 있는데, 그 가운데 우리 민서가 있었다. 난 이유도 물어보지 않고 민서를 끌어안고 소리 없이 울었다. 어떤 사정이 있든 난 예쁜 우리 딸이 경찰서에서 죄인처럼 앉아 있는 모습에 너무 기운이 빠졌고, 아이의 모습을 더 가까이에서 보자 더 놀랍고 가슴이 아팠다. 우리 딸이 안쓰럽고 불쌍하기도 했다.

애기를 들어보니 사정은 이러했다. 민서네 학교 아이들은 지난주에 2박 3일로 수학여행을 다녀왔다. 수학여행 중에 그 학교 일진에 속한 유진이라는 아이가 반 아이들에게 "술을 마셔라", "가방을 들어라", "담배를 피워봐라" 하며 협박과 강요를 했나 보다.

수학여행을 다녀온 지 며칠 후, 화장실에서 민서와 민서 친구들이 유진이와 마주쳤단다.

친구1 ː 　야, 너, 앞으로 조심해라.

유진 ː 　뭘?

친구1 ː 　수학여행 때 한 짓에 대해서 미안하지도 않냐? 너희 패거리가 몰려다녀서 그때는 참았는데, 우리도 안 참아, 계집애야.

유진 ː 이것들이…. 너희는 지금 안 몰려다녀? 어디서 누구를 나무라?

친구2 ː 애 말하는 싸가지 좀 봐라. 우리는 너희하고 차원이 다르지. 우리가 너희들처럼 사고 치고 협박하고 다니니?

유진 ː 씨발, 이년들이! 저리 비켜.

친구3 ː (툭 치며) 너나 비켜. 네가 제주도에서 나한테 가방 들고 다니라고 했지? 그날은 혼자만 너랑 같은 반이어서 그냥 당했는데, 내가 그때 얼마나 분했는지 알아? 지금 생각해도 기분 나빠.

유진 ː 너, 지금 나 쳤냐? 졸라 재수 없는 년. 그때 시키는 대로 다 한 년이 이제 와서 뭔 말이 이렇게 많아. 지금 저년들 믿고 까부냐? 야, 이년아!

친구3 ː 욕하지 마. 우리 엄마도 나한테 안 하는 욕을 네가 뭔데 함부로 해? (둘이 서로 밀치면서 몸으로 실랑이한다.)

친구4 ː (뜯어말리면서 유진이를 한 대 때린다.) 애들 때리지 마라. 술도 너만 처먹고 다니고, 가방은 네 손으로 들고 다녀, 이 나쁜 년아. 우리도 뭉치면 무섭다는 거 알았으면 까불지 마.

유진이는 잔뜩 약이 올라 화장실을 빠져나갔고, 민서와 친구들은 그저 통쾌해하며 각자의 반으로 흩어졌다.

다음 날, 유진이 아버지와 삼촌이 교장실로 찾아왔다. 와서는 "교장은 도대체 뭐 하는 거요? 이 학교가 뭐 조폭 키우는 학교야? 당신 딸이 집단으로 맞고 다녀도 이렇게 가만히 소파에 앉아 있겠소?" 하며 난동을 부렸고, 그 자리에서 경찰서에 아이들을 신고했다. 경찰이 조사를 나왔고, 아이들은 경찰서에 연행되었단다. 때린 아이뿐 아니라 때린 것을 보고 있었던 아이들도 방조죄에 해당한다고 했다.

알고 보니 그 아이 부모는 따로 살고 있었고, 아버지는 단란주점을 운영하는 분이었다. 삼촌이라는 분도 그쪽 일을 돕고 있다는데, 너무 거칠어서 대화가 어려운 사람이었다. 유진이 아버지는 친구들에게 맞아서 딸의 고막이 터졌다며 정신적인 피해 보상까지 요구했고 민사소송을 제기했다. 우리 민서가 때린 것도 아니고, 다른 아이가 때리는 자리에 있었다는 것만으로 이렇게 엄청난 일이 불거지다니 기가 막힐 따름이었다.

과하다 싶었지만 난 내가 할 수 있는 일을 하기로 했다. 일단 법적인 것을 전혀 알지 못하니 다른 아이들 엄마들과 함께 변호사를 선임했고, 유진이 엄마가 일한다는 식당에도 찾아갔다. 아버지 쪽과 대화가 안 통하니 엄마라도 찾아가 호소를 해야겠다는 생각이었다. 난 유진이 엄마를 만나자마자 바닥에 무릎을 꿇고 고소를 취하해달라고 부탁했다. 자존심 강한 내가 자식 일로는 너무나 자연스럽게 무릎을 꿇었다는 사실에 헛웃음이 나왔다. 부모 마음을 이제야 알아간다.

그다음에는 담임선생님을 찾아가 이렇게 말했다.

> 엄마 ⊃   선생님, 제가 가슴이 너무 아파요. 부끄럽지만 간절한 마음으로 선생님을 찾아왔습니다. 선생님의 사랑하는 딸이라고 생각해주세요. 벌은 주시되, 죄를 지었다고 주시는 벌이 아니라 아이들이 서로 회복할 수 있는 기회가 될 수 있도록 해주세요.

소송이 진행되었고, 아이는 학교에서 사회봉사 명령을 받았다. 근처 재활원에서 일주일간 봉사를 했고, 가정법원의 판결에 따라 한 달 동안 반성문을 써야 했다. 일주일 꼬박 반성문을 쓰면 그것을 모아서 법원으로 보내는 형식이었는데, 민서는 자기가 크게 잘못했다고 느끼지는 않는다고 말하면서도 성실하게 반성문을 써서 부쳤다.

나는 당분간 집단행동을 하지 못하게 하려고 등교 시에 아이를 학교에 데려다주고, 하교 시에 교문 앞에서 기다렸다가 민서와 함께 집으로 왔다. 심지어는 밤에도 아이 손을 붙잡고 함께 자기를 꼬박 한 달을 했다. 창피하다고 등·하굣길에 오지 말라고 하면 어쩌나 고민했는데 다행히도 아이는 그 필요성을 인정했고, 엄마 사랑을 듬뿍 챙기는 기간으로 받아들였다. 지금 생각해도 그 당시 부모에게 보여준 우리 딸의 수용과 이해는 고맙고 감사하다. 나는 민서와 집으로 오면서 떡볶이집도 들르고, 문방구에서 펜도 고르고, 화장품 가게에서 화장품도 사주면서 아이 마음에 안정과 평화가 오기를 간절히 기도했다.

소송 중에 유진이 고막이 터진 것이 친구들에게 맞아서가 아니라 아버지한테 따귀를 맞아서 그런 거라는 사실이 밝혀져서 아이들 마음이 조금 가벼워지기는 했지만, 그 사건이 마무리되기까지는 1년 반이라는 시간이 걸렸고 그 기간 동안 난 가슴앓이를 해야만 했다.

지금은 다시 안정을 찾고 학업에 매진하고 있는 우리 딸이 대견스럽고 고맙지만 다시는 돌이키고 싶지 않은 시간이다. 민서는 지금도 그때 이야기를 꺼내면 내 입을 막는 시늉을 하며 이렇게 말한다.

민서 〈 어마마마! 이 공주, 앞길에 지장 있을까 봐 겁나오니 이제는 잊어버리심이 좋을 듯하옵니다. 과거는 과거일 뿐이옵니다.

난 억울하고 분하다

에이, 씨. 난 정말이지 억울하고 분하다. 유진이는 정말 나쁜 년인데, 걔는 아무 벌도 안 받고 착한 우리 친구들만 고통을 당한다. 특히 나는 때린 것도 아니고 그 옆에 서 있었다는 이유만으로 이런 엄청난 시련을 겪어야 한다니. 난 그 일로 난생처음 교장실에 불려 갔고, 경찰서에다 법원까지 갔다.

유진이는 우리 학교에서 내로라하는 날라리 중의 한 명이다. 1학년 때부터 이상한 단체에 들어서 노는 언니들과 몰려다녔고, 뻑하면 생활안전부장 선생님에게 끌려가고 상담실에서 반성문을 쓰는 애다. 우리 학교에 유진이를 모르는 애는 없다.

엄마는 아빠에게 자주 얻어맞아서 가출했고, 아빠는 술집을 하는 데다 그 애 삼촌은 유명한 조폭이라는 소문까지 있다. 우리 학교 축구부 3학년 주장 오빠와 그렇고 그런 사이기도 하다. 엄마가 알면 기절하겠지만, 그 오빠랑 자고 나서 인스타그램에 글을 올려 애들 사이에서는 임신한 거 아니냐는 말까지 돌았다.

점심시간에 초등학교 때부터 친하게 지냈던 우리 5총사가 모여서 수다를 떠는데, 유진이와 같은 반인 연지가 울먹거리며 수학여행 때 있었던 일에 대해서 이야기했다. 흥분해서 듣다가 화장실

에 갔는데 유진이와 마주쳤고, 우리는 별생각 없이 유진이를 나무
랐다. 그 계집애가 하도 뻔뻔하게 들이대는 바람에 우린 더 화가
났고, 티격태격하는 와중에 약간의 몸싸움을 했다. 그 과정에서
소정이가 유진이 얼굴을 한 대 쳤다. 우리에게 어디서 그런 용기
가 생겼는지 지금 생각해도 알 수 없지만, 그때는 우리가 유진이
를 이길 것만 같았다. 아마도 나 혼자 화장실에서 유진이를 만났
다면 한번 째려보다 말았겠지.

    막상 경찰서에 가니 무서웠다. 뉴스나 드라마에서만 본 경찰
서에 내가 가다니…. 이러다가 감옥에 들어가는 것은 아닐까 두
려웠다.

    경찰서에 각자의 엄마, 아빠가 도착할 때마다 어른들의 성
격이 드러났다. 연지 엄마는 경찰서에 오자마자 "속도 지겹게 썩
이네. 이제는 경찰서까지 오게 해? 어디서 친구를 때리고 돌아다
녀? 그냥 너 죽고 나 죽자!"라며 연지를 때려서 경찰 아저씨가 말
렸다. 소정이 엄마는 우리 모두를 째려보며 쌀쌀맞게 지나치면서
"애들이 미쳤어!"라고 혼잣말을 하며 경찰 아저씨에게 사건 경위
를 따져 물었고, 수영이 엄마는 너무 큰 소리로 울고불고 난리를
쳐서 경찰 아저씨에게 혼나고 사무실 밖으로 내쫓겼다. 서희 아빠
가 제일 폼 나게 한 거 같은데, 겁먹은 서희를 쳐다보고는 "짜식,
괜찮아. 그럴 수도 있는 거야" 했다.

    엄마는 전화기를 놓고 나갔는지 연락이 안 되고 아빠는 출장

중이어서 우리 엄마가 제일 늦게 왔는데, 놀란 눈으로 나를 찾더니 나를 보자마자 아무 소리 없이 끌어안고 울었다. 나도 엉엉 울었다. 미안하기도 하고 창피하기도 했다.

난 집으로 와서 아빠와 엄마 앞에서 당분간 친구들과 함께 몰려다니지 않기로 약속했고, 모든 것을 엄마가 하라는 대로 따르기로 했다. 엄마는 그날 밤부터 내 방에서 내 손을 꼭 잡고 잤다. 민혁이는 내 방문을 열어보더니 엄마를 못 본 척하고 지나갔고, 눈치 없는 자식 민우는 "엄마! 아빠랑 싸웠어? 왜 아빠랑 안 자?" 하며 그러면 자기는 아빠랑 자겠다고 안방으로 들어갔다. 얼빠진 놈! 완전 어이 상실이다.

그 이후 한 달 동안 엄마는 모든 일정을 내게 맞추고 함께 생활했다. 처음에는 성가시기도 하고 애들 보기 좀 민망해서 반항하려고도 했지만, 며칠 하고 나니 익숙해지기도 했고 좋은 점도 있었다. 엄마랑 학교도 같이 가고, 집에도 같이 왔다. 목욕탕도 다니고, 시장도 같이 다녔다. 경찰서에서 엄마에게 다짜고짜 얻어맞았던 연지는 나를 부러워했다. 자기 엄마는 용돈도 끊고 스마트폰도 정지시키고 외출도 못 하게 하는 등 벌만 주는데 우리 엄마는 다르다고.

엄마와 함께 다니고 함께 자면서 깨달은 세 가지가 있다. 첫 번째는 엄마가 내 생각보다 나를 더 많이 사랑한다는 것이다. 동생들을 훨씬 더 좋아하고 아들이라면 죽고 못 산다고 생각했는데, 엄마는 나를 그 두 인간보다 더 사랑하는 거 같다. 어릴 때부터 내가 아들들보다 스스로를 잘 챙기니까 엄마는 나를 믿었었나 보다.

두 번째는 우리 아빠, 엄마는 나를 확실하게 보호해줄 수 있다는 것이다. 어떤 상황에서도 나를 지켜주실 것 같다는 믿음으로 마음이 든든하다.

세 번째는 엄마와 딸이라서 훨씬 더 잘 통할 수 있고 둘이 할 수 있는 게 많다는 사실이다. 우리 둘은 피부나 생리통에 대한 이야기도 한다. 면으로 생리대를 만들며 우리 집 남자들 흉도 보고, 목욕을 같이하며 서로 자기 가슴이 더 예쁘다고 우기기도 한다. 난 내가 엄마 딸이어서, 우리 엄마가 내 엄마여서 행복하고 감사하다.

어느 날, 엄마와 아빠의 대화를 우연히 들었는데 엄마가 유진이네 엄마를 찾아가서 무릎을 꿇고 빌었다고 한다. 엄마에게 미안하고, 억울하고, 분했다. 이럴 거면 제대로 한 대 때리기라도 할걸. 그래도 내 문제를 해결해주려는 엄마, 아빠를 보니 가슴 한쪽이 뭉클하다. 엄마, 아빠는 끝까지 내 편이구나 싶다.

"엄마, 미안해. 나 때문에 무릎까지 꿇고. 이제부터는 작은 일에도 신중하게 행동하고 잘 클게요."

느낌을 알아차리고 표현하기

비폭력대화의 두 번째 요소는 우리의 느낌을 표현하는 것입니다. 첫 번째 요소인 관찰로 대화를 시작하고 나면, 그 관찰에 대해 나의 몸과 마음은 어떻게 반응하고 있는지 그 느낌을 알아차리는 것이 중요해집니다. 느낌을 안다는 것은 내 마음의 상태를 안다는 뜻이고, 내 마음의 상태를 알아차리게 되면 현존하는 자신과 연결할 수 있습니다. 느낌은 내 마음의 신호등입니다. 느낌을 잘 알고 표현할 수 있으면 생각에 사로잡혀 자신이나 타인을 괴롭히는 일은 없어진답니다.

미국의 정신분석학자이자 철학자인 롤로 메이(Rollo May)는 느낌에 대해서 "성숙한 사람은 감정의 여러 가지 미묘한 차이를 마치 교향곡의 여러 가지 음처럼, 강하고 정열적인 것부터 섬세하고 예민한 느낌까지 모두 구별할 능력이 있다"라고 말했습니다.

예를 들어 "어이구, 짜증 나" 또는 "화가 나 죽겠어"라고 내 느낌을 한정적으로만 표현하는 것은 "삑삑삑 삑삑삑!" 하며 한 가지 음밖에 못 내는 고장 난 피리를 불어대는 것과 같다는 말이지요. 교향곡의 여러 가지 음으로 연주하느냐 고장 난 피리를 연주하느냐는 삶의 질과도 연결되겠죠? 그래서 우리는 느낌말을 다양하게 익힐 필요가 있답니다.

경찰서에 딸이 있다는 전화를 받은 민서 엄마의 상황을 예로 들어, 비폭력대화의 관찰과 느낌을 연결해서 표현해볼까요?

"딸아이가 친구를 때려서 경찰서에 있다는 전화를 받았을 때(관찰), 나는 맥이 빠지면서 황당하고, 놀랍고, 걱정되었다(느낌)."

민서 엄마는 다른 엄마들처럼 "미쳤어"라든지, "속도 지겹게 썩이네" 하며 판단과 평가로 화난 느낌을 격하게 표현하지 않고 성숙하게 대처했습니다. 자신을 자극하는 사실을 관찰하고 나서 그 관찰에 따른 느낌에 집중했지요.

느낌에 집중하면 내가 현재 무엇을 원하는지 알 수 있습니다. 세 번째 요소인 '욕구'를 파악하는 것인데, 그러고 나면 이제 어떤 행동을 해야 하는지 명료해지지요. 민서 엄마는 느낌에 집중한 후 경찰서로 갔고, 민서를 찾아 따뜻하게 껴안았어요. 아이를 꾸짖기보다 먼저 내 아이를 보호하고 안심시키고 수용하려고 했다고 추측되네요.

우리 사회에서는 느낌을 자연스럽게 표현하기가 쉽지 않은 편이지요? 특히 남성들은 더더욱 그렇습니다. 저는 아들 둘을 키우면서 아이가 자기 감정을 참느라고 애쓰는 것을 종종 경험했는데, "울어, 울어도 돼, 실컷 울어!"라고 얘기하면 그때마다 남편이 "세상은 강한 남자를 원하는데 당신만 약한 아들을 원하는군"이라고 투덜대서 다투곤 했습니다. 감정 표현만으로 약하고 강하고를 가늠할 수 있을까요? 남자여서 느낌을 표현하는 것을 참아야 한다면 얼마나 억울한 일인가요?

비폭력대화 워크숍에서 있었던 일입니다. 몇 달 동안 참석하신 남자 선생님이 "이곳에 오면 술을 먹고서나 할 수 있는 감정 표현을 자연스럽게 할 수 있어서 좋다"라고 말하셔서 웃은 기억이 납니다. 남성들은 그만큼 느낌을 표현할 기회가 적고, 표현이 서툴고, 표현한 뒤의 반응이 두렵다는 이야기겠지요.

💬 느낌을 표현할 때와 표현하지 않을 때의 차이

느낌을 표현하지 않을 때, 우리는 대가를 치릅니다. 특히 사춘기 자녀를 키우다 보면 순간순간 아이의 예기치 못한 태도나 반응에 마음이 상하는 경우가 자주 있지요? 자녀와의 관계에서 예상치 못한 상황을 맞이했을 때, 내 감정이 예민하게 반응할 때 내 느낌에 집중해 표현할 수 있다면 아이를 비난하거나 비판하지 않을 수 있답니다.

예를 들어 아이가 엄마와 성적표를 놓고 대화를 나누다가 공부 잘하는 사촌과 비교하는 말에 자극받아 "에이, 씨" 하며 방문을 "쾅!" 닫고 자기 방으로 들어갔다고 가정해보세요. 아이의 반응에 기분이 나빠진 엄마가 바로 쫓아가 "어디서 배워먹은 버릇이야? 내가 널 그렇게 가르쳤어? 너, 조금 컸다고 엄마 무시하는 거야?"라며 흥분해서 얘기한다면, 아이가 엄마의 감정을 이해할 수 있을까요? 자신의 행동에 대해 미안함을 느낄 수 있을까요? 전두엽이 덜 발달해 상황 판단이 서툴고, 호르몬의 분비로 지극히 감정적인 사춘기 자녀는 오히려 엄마의 반응에 더 거칠게 대항하기 쉽습니다.

그 상황을 비폭력대화의 두 요소인 관찰과 느낌으로 표현한다면, "엄마랑 얘기하다가 화를 내면서 문을 쾅 닫고 들어가니, 엄마는 당황스럽고 슬퍼"가 되겠지요. 그러면 아이는 자기가 문을 쾅 닫은 행동이 엄마를 당황스럽고 슬프게 했음을 인지할 수 있습니다. 그러나 아이를 버릇없이 키울 수는 없으니 뜯어고쳐야 한다는 일념으로, 잘 가르쳐야 한다는 의무감만 앞세워 평가하고 비난하고 부모가 원하는 행동을 하라고 요구한다면 아이는 더 크게 반발하고 맙니다.

느낌에 초점을 맞추면, 말하는 사람이 감정을 조절하는 능력을 갖추게 되고 듣는 사람도 자신의 느낌을 들여다볼 수 있는 기회가 됩니다. 멋지지 않나요?

🗨️ 느낌말 알기

느낌을 나타내는 말을 많이 알면 내 느낌을 다양하게 표현할 수 있습니다. 느낌은 욕구가 충족되었을 때와 충족되지 못했을 때 다르게 표현됩니다. 우리말에 얼마나 다양한 느낌말이 있는지 자세히 살펴볼까요?

욕구가 충족되었을 때의 느낌말

가볍다	가깝다	감개무량하다	감격하다
감동하다	감명 깊다	감사하다	감탄하다
개운하다	경이롭다	경쾌하다	너그럽다
느긋하다	고맙다	고무되다	고양되다
고요하다	관심이 가다	귀하다	귀엽다
기대하다	기분 좋다	기분이 들뜨다	기운이 나다
기쁘다	낙관하다	날아갈 것 같다	넉넉하다
놀라다	다정하다	담담하다	당당하다
대견하다	두근거리다	든든하다	들뜨다
따뜻하다	마음이 놓이다	마음이 통하다	만족스럽다
뭉클하다	믿음직스럽다	반갑다	벅차다
부드럽다	뿌듯하다	사랑스럽다	상쾌하다
생생하다	생기가 나다	설레다	숨 가쁘다
시원하다	신기하다	신나다	신선하다
아늑하다	안도하다	안락하다	안전하다
안정되다	애틋하다	열광적이다	열정적이다

영광스럽다	온화하다	원기 왕성하다	위안이 되다
유쾌하다	익숙하다	자랑스럽다	자신 있다
자유롭다	재미있다	정겹다	즐겁다
진정되다	짜릿하다	찡하다	차분하다
친근하다	침착하다	통쾌하다	편안하다
평안하다	평탄하다	평화롭다	푸근하다
행복하다	환희에 차다	활기차다	황홀하다
후련하다	흐뭇하다	흔쾌하다	흥겹다
흥미롭다	흥분되다	흡족하다	희망에 차다

욕구가 충족되지 못했을 때의 느낌말

가소롭다	가슴 아프다	간절하다	갑갑하다
거북하다	걱정되다	겁나다	격노하다
격분하다	겸연쩍다	고독하다	고민하다
고통스럽다	곤란하다	공포스럽다	공허하다
괴롭다	권태롭다	구슬프다	그립다
기가 막히다	기가 죽다	기운이 없다	긴장하다
김빠지다	낙담하다	난처하다	냉담하다
노하다	놀라다	눈물이 나다	답답하다

당황스럽다	두렵다	따분하다	떨리다
마음 상하다	마음 아프다	망설이다	맥이 풀리다
멋쩍다	멍하다	몸서리치다	몽롱하다
무감각하다	무관심하다	무기력하다	무디다
무섭다	무정하다	미심쩍다	민망하다
밉다	복받치다	복잡하다	부담스럽다
부끄럽다	부럽다	분개하다	분하다
불만이다	불만족스럽다	불쌍하다	불안하다
불쾌하다	불편하다	불행하다	비관적이다
비통하다	비참하다	뻐근하다	상심하다
샘나다	서늘하다	서운하다	섭섭하다
성나다	소름 끼치다	속상하다	수줍다
슬프다	쓸쓸하다	신경 쓰이다	신경질 나다
실망하다	싫다	싫증이 나다	심란하다
아깝다	아득하다	아련하다	아쉽다
아찔하다	안달하다	안절부절못하다	안타깝다
암담하다	애끓다	애간장이 타다	애도하다
애석하다	애처롭다	야속하다	얄밉다
어리둥절하다	어색하다	어이없다	억울하다
언짢다	역겹다	염려하다	외롭다

우울하다	울고 싶다	울적하다	울화가 치밀다
원망스럽다	원통하다	원한을 품다	위축되다
의기소침하다	의심하다	의아하다	절망하다
주눅 들다	조바심 나다	조심스럽다	좌절하다
증오하다	지겹다	지루하다	지치다
질리다	질투하다	짜증 나다	착잡하다
참담하다	창피하다	처량하다	처절하다
초연하다	초조하다	충격을 받다	침울하다
탐나다	풀이 죽다	피곤하다	피로하다
허무하다	허전하다	허탈하다	혐오스럽다
혼란스럽다	화나다	황당하다	회의적이다
후회스럽다	힘겹다	힘들다	

다른 의사소통 프로그램 중에는 느낌을 '긍정적인 느낌말', '부정적인 느낌말'로 구분하기도 하는데, 비폭력대화에서는 욕구와 연결해 '욕구가 충족되었을 때의 느낌말'과 '욕구가 충족되지 못했을 때의 느낌말'로 나눕니다. 느낌은 '좋다'거나 '나쁘다'고 평가할 수 없습니다. 모든 느낌은 소중합니다. 느낌은 우리 내면을 비추는 등불이기 때문입니다.

느낌으로 오해하게 하는 표현들

갇혀 있는 (느낌이야)	강요당한	거절당한	공격당한
관심받는	궁지에 몰린	기만당한	놀림을 당한
따돌림받는	무시당한	미움받는	방해받는
배반당한	버림받은	사기당한	압력을 받는
오해받는	위협받는	의심받는	이용당한
인정받지 못하는	조종당한	학대받은	협박받은

'느낌이야'라는 말을 붙여서 느낌을 표현하듯이 사용하는 단어들입니다. 주의가 필요하겠지요! 이런 말들이 떠오르면 생각이라는 것을 알아차리고 "이런 생각이 들 때 내 느낌은 무엇이지?"라고 자신에게 물어보세요. '강요당한 느낌이야'라는 말이 떠오른다면, "강요당한다는 생각이 들 때 나는 답답하고 불쾌해"라고 말해주세요. 이렇게 말할 때 자신의 마음과도 연결되고 느낌도 잘 표현하는 것이랍니다.

"내가 너랑 말을 하면 사람이 아냐"

다솔이라는 고 2 딸을 둔 어떤 아버지의 이야기입니다.

우리 딸내미가 "아빠가 나에 대해서 아는 게 뭐가 있어? 아는 척하지 마. 그 정도는 술주정뱅이 아빠들도 다 알거든"이라고 말하며 내 자존심을 건드리는데 어찌나 화가 나던지, 20년을 같이 산 아내에게서도 겪어보지 못했던 감정이에요. 무시당한 기분이고요. 배신당한 느낌이더라고요. 내가 그동안 저한테 얼마나 자상하게 대해줬는데, 나를 술주정뱅이들과 비교하다니…. 완전히 사기당한 기분인 거죠. 말끝마다 톡톡 쏴붙이면서 몰아붙이는데, 얼마나 약이 오르던지 나도 모르게 '내가 쟤랑 말을 섞으면 사람이 아니다!'라는 생각이 들더군요.

아내는 유치하게 군다고 저를 비난했지만, 오죽하면 그런 생각을 다 했겠어요? 일주일간 말을 안 했지요. 또 면박을 받을까 봐 두렵기도 하고, 애 자체가 싫었어요. 그게 솔직한 제 감정이었어요.

"판단하거나 평가하지 말고 관찰만 하고 나서, 느낌과 욕구를 잘 들여다보고 행동을 결정하라"는 선생님 말씀이 생각나는 바람에 제가 먼저 말을 붙이기는 했지만요.

제 마음을 살펴보니 아쉽고 쓸쓸하더라고요. 딸아이와 친밀하게 더 잘 소통하고 싶은 게 제 욕구이고, 그래서 뭐, 배운 대로 반복해서 연습해보고, 제 마음을 표현했죠. 그랬더니 웃던데요. 얼마나 허탈하던지….

다솔이 아버지는 말하시는 동안 그때의 느낌이 다시 살아나는지 상기되어 있었습니다. 교육에 참여한 다른 아버지들로부터 느낌 표현을 잘했다고 박수를 받았지만, 아쉬운 부분이 있습니다. 예전보다 표현을 적극적으로 하고 마음에 집중도 하셨지만, 느낌을 표현하려면 생각과 느낌을 구별할 수 있어야 합니다. 생각 뒤에 '~라고 느껴'나 '~한 느낌이야', '~한 기분이야'를 붙여서 생각을 느낌처럼 표현하는 것을 주의해야 한다는 말이지요.

다솔이 아버지는 아이의 반응에 대해서 "무시당한 기분이고요. 배신당한 느낌이더라고요", "사기당한 기분인 거죠"라고 표현하셨지요? 그러나 '무시당했다', '배신당했다', '사기당했다'는 느낌이 아니고 생각이랍니다. '느낌이야', '기분이야'가 덧붙으면 생각을 느낌으로 오해하기가 쉽습니다. 다솔이 아버지의 표현 중에서 "두렵기도 하고, 애 자체가 싫었어요", "아쉽고 쓸쓸하더라고요", "얼마나 허탈하던지"가 진정한 느낌이랍니다.

오죽하면 말을 붙이기 두렵고 아이가 싫었을까요? 사춘기에 접어든 자녀를 키워본 경험이 있는 부모라면 대부분이 공감할 수 있을 겁니다. 아이가 사춘기에 접어들면서 겪는 혼란스러움은 단지 아이들만의 것은 아니랍니다. 자녀의 사춘기는 부모 역시 힘들게 합니다.

느낌이 표현되었나?

다음에서 느낌을 표현한 문장을 고르고, 그렇지 않은 문장은
느낌 표현으로 바꾸어보세요.

1 "나는 네가 엄마를 무시하는 것처럼 느껴져."

2 "나는 네가 아빠를 사랑하지 않는다고 느껴."

3 "영어 단어를 모를 때 무안하다."

4 "오늘은 너를 굶기고 싶은 느낌이야."

5 "난 형편없는 엄마야."

6 "우리 가족을 위해서 음식을 만들 때 나는 행복하다."

7 "머리에 새치가 늘어난 것을 보았을 때 슬프다."

8 "책상에서 자는 것을 보면 한심해."

9 "김치를 맛있게 담갔을 때 뿌듯하다."

10 "결혼 20주년을 기념하고 싶었는데 축하 편지를 보내줘서
감동했어."

11 "엄마와 함께 있으면 대화를 할 수 있어서 행복해요."

12 "아빠는 너한테 오해를 받는 느낌이야."

13 "산속에 가서 쉬고 싶었는데 휴가를 못 가서 아쉬워요."

14 "방학인데도 여러 가지 학원을 다녀야 할 때 우울한 생각
이 들어요."

15 "엄마가 '그렇게 행동하면 넌 내 자식이 아니야'라고 말하
실 때 겁나요."

16 "난 내가 고 3 엄마로 부족하다고 느껴."

17 "나는 민서가 성실하다고 느껴."

18 "내게는 가족이 가장 중요하게 느껴져."

19 "이럴 땐 결단력이 필요하다고 느껴."

20 "넌 왜 이렇게 사람을 피곤하게 만드니?"

연습 문제에 대한 민서의 대답

1 이 문장을 선택했다면 엄마랑 제 의견은 서로 다르네요.
"네가 엄마를 무시하는 것처럼 느껴져"라는 말은 엄마의
느낌이 아니라 추측, 곧 생각을 나타내는 거죠. 느낌을 나
타내려면 "네가 엄마 말에 대답을 안 할 때 엄마는 서운
해"라고 표현하는 것이 더 좋을 듯해요.

2   이 문장을 선택했다면 아빠랑 제 의견은 서로 다른 거죠. "나는 네가 아빠를 사랑하지 않는다고 느껴"는 느낌이 아니라 생각을 나타낸 문장이에요. "아빠는 요즘 외로워"라고 말하시면 아빠의 감정을 잘 느낄 수 있을 것 같아요!

3   빙고! 느낌을 표현한 문장이에요.

4   이 문장을 선택했다면 엄마와 저는 의견이 서로 달라요. 아시지요? "오늘은 너를 굶기고 싶은 느낌이야"는 저에게 화가 나서 드는 엄마의 생각이라는 거! "엄마는 화가 나!" 라고 하시는 편이 좋겠어요.

5   "난 형편없는 엄마야"는 단지 엄마 생각일 뿐이에요. 전 그렇게 생각하지 않아요. 제가 "난 형편없는 자식이야"라는 생각이 들 때 어떤 느낌이냐면 말이죠, 부모님께 '죄송해요.' 그러니까, 엄마도 가끔 우리에게 '미안하다'고 느끼시나 봐요.

6   빙고! 이 문장이 느낌을 표현하고 있다는 데 의견 일치!

7 우후! 성적이 좋으시군요. 또 빙고예요!

8 설마 이 문장을 선택하지는 않았겠지요? "책상에서 자는 것을 보면 한심해"는 생각입니다. 책상에서 엎드려 자는 모습을 보면 한심하다는 생각과 함께 어떤 느낌이 드시나요? 속상하세요? 아니면 안타까우세요? 아하! 걱정이 된다고요?

9 빙고!

10 계속되는 빙고! 느낌을 표현한 문장이지요.

11 빙고! 저, 느낌 표현 잘하지요?

12 이 문장을 선택했다면 아빠와 제 의견이 서로 다르다는 거, 아시죠? "아빠는 너한테 오해를 받는 느낌이야"는 '느낌이야'가 붙었지만 생각이에요. "너한테 오해받는다는 생각이 들면 억울하다"가 좋겠네요.

13 빙고! 느낌을 표현한 문장이라는 데 의견 일치!

14 "방학인데도 여러 가지 학원에 다녀야 할 때 우울한 생각이 들어요"가 아니라, "방학엔 쉬고 싶은데, 여러 학원에 다녀야 해서 우울해요"라고 표현하는 게 더 좋겠어요.

15 빙고! 느낌 표현이 잘되었지요? 정말 겁나거든요. 그러니까, 그런 말은 하지 말아주세요.

16 No! 이 문장은 생각입니다. 이렇게 표현해보세요. "나는 고 3 엄마 역할이 부담스러워."

17 민서가 성실하다는 생각이 들어서 자랑스러운 건 아닐까요? "나는 민서가 자랑스러워"라고 표현하는 게 더 좋겠어요.

18 '느껴져'라는 말은 요물 같아요. 생각을 자꾸만 느낌처럼 오해하게 하지요? 가족이 중요하게 생각이 들 때의 느낌은 무엇일까요? "나는 가족을 사랑한다" 어떠세요?

19 "결정을 내리기가 너무 힘들어"라고 표현해보세요.

20 피곤하게 만들다니요? 자신의 느낌을 상대에게 미루시네요. "난 피곤해"라고 표현해야 느낌이에요.

03
욕구

 엄마의 일기

아이의 끊임없는 거짓말

영어 학원에서 돌아올 시간이 40분 넘게 지났는데도 민혁이가 집
에 들어오지 않는다. 학교나 학원에서 돌아올 시간에 엄마가 자기
의 위치를 확인하는 것에 대해 아이가 불만을 드러냈던 터라 조심
스러웠으나, 세상이 험하니 어쩌랴…. 아이에게 전화를 했다.

> 엄마 〈 어디니?
>
> 민혁 〈 학원 앞이에요.
>
> 엄마 〈 지금까지 학원에 있었어? 셔틀버스를 안 탄 거야?

민혁 ≤ 예, 할 게 남아서 마저 하고, 선생님 퇴근하시는 길에 함
께 나왔어요. 버스 타고 갈게요.

그런데 통화 상태로 보건대 아무래도 도로 근처가 아닌 것 같
다. 너무 조용하다. 내 직감은 이럴 때 정확하다. 분명히 이 녀석
이 또 나를 속이고 있다. 다시 전화를 했다.

엄마 ≤ 너, 어디라고?
민혁 ≤ 버스 정류장이에요. 버스가 안 와서 기다리고 있다고요.
엄마 ≤ 그럼 기다려. 엄마가 데리러 갈 테니까.
민혁 ≤ 아니에요. 금방 오겠지요. 혼자 갈게요.

오늘은 그냥 넘어갈 수가 없다. 그동안 아이가 하는 거짓말에
알고도 넘어가기도 하고 모르고 속기도 했다. 그런데 가면 갈수록
아이의 거짓말 횟수는 늘어간다. 창피하지만 선생님께 전화를 걸
어 확인하니 학원에서 나간 지 1시간이 지났단다. 괘씸한 놈, 뻔
뻔하기가 이를 데 없군. 화가 치밀어 오른다. 다시 아이에게 전화
했다.

엄마 ≤ 버스 탔니?
민혁 ≤ 예.

엄마 : 몇 번 탔니?

민혁 : 3315번이요.

엄마 : 그거 타고 우리 아파트 앞에서 내릴 거지? 엄마가 정거장에서 기다릴 거야.

민혁 : 뭘 기다려요? 내가 어린애도 아니고 참…. (짜증이 잔뜩 난 말투다. 자기가 불리하면 이 녀석은 유난히 짜증을 내는데, 아무래도 수상하다.)

엄마 : 시끄러워. 지금 어디 지나고 있어? 정거장 이름 대봐. 너 거짓말했으면 죽을 줄 알아.

민혁 : 죽긴 뭘 죽어요? 지금 우리 아파트에 있으니까 나오지 마세요.

엄마 : 야! 너, 지금 나 약 올려? 뭐, 어디라고? 너, 지금 엄마랑 장난하니? 엄마가 지금 아파트 돌아다니고 있으니까, 너 있는 장소 정확히 말해.

민혁 : 에이, 참, 우리 아파트 아니니까 찾지 마세요. 길 건너 아파트 단지에 있는 학교 마당에 있어요. 친구랑 얘기 좀 하느라고.

엄마 : 너, 거기서 꼼짝 말고 기다려. 너랑 얘기하고 있는 애들도 다 있으라고 해.

전화를 끊고 달려가면서 여러 생각이 들었다. 이럴 때 어떻게 해야 하지? 비폭력대화로 아이와 의사소통을 잘하고 싶지만, 이미 내 마음은 폭력으로 가득하다. 아이에 대한 비판만 일어나고 감정이 점점 확대되고 있다. 우리 아들은 왜 이렇게 거짓말을 자주 할까? 난 우리 아들을 믿고 싶은데 도대체 믿을 수가 없다. 너무 화가 나기도 하고, 서로 믿지 못하는 우리의 모자 관계가 서글프기도 하다. 어찌 됐든, 오늘은 모른 체할 수도 없고 용서하고 싶지도 않다.

11시가 넘은 깊은 밤, 한달음에 달려가서 보니 아이는 태연하게 자전거를 타고 학교 운동장을 돌고 있다. 친구들을 다 보낸 것은 당연하겠지.

엄마 : 너, 뭐 하는 거야?

민혁 : 뭘요? 학원 셔틀버스 타고 왔고요. 오는 도중에 친구한테 전화가 와서 집 앞에 세워둔 자전거 타고 여기로 왔어요. 친구랑 얘기하는 것도 안 돼요?

엄마 : 친구 만나는 게 문제라고 했어? 네가 거짓말하는 것이 문제지. 넌 거짓말한 게 부끄럽거나 엄마한테 미안하지도 않니?

민혁 : 아니요. 어쩔 수 없어서 하는 건데 뭐가 부끄럽고 미안해요? 밤에 나가지도 못하게 하고, 주말에도 친구 만나려하면 꼬치꼬치 캐묻고, 왜 못 믿느냐고 하면 세상에 내놓

기가 걱정돼서 그렇다고 말하시지요? 전 이제 애가 아니에요. 제가 애들하고 돌아다니며 싸우기를 해요, 아니면 여자애들을 사귀며 돌아다니기를 해요? 그냥 가끔 친구들과 얘기하고 놀 뿐인데, 완전히 무시하시잖아요?

엄마 ﹤ 널 믿을 수 없으니까 그래. 어떤 친구들과 사귀는지 요즘에는 통 알 수도 없고. 네가 아는 세상이 얼마나 된다고 까부니? 부모가 못 하게 하면 다 이유가 있는 거야. 부모 잘 만나서 편안히 사니까 세상이 다 그렇게 안전하고 편안한 줄 아니? 세상이 얼마나 무서운지 네가 몰라서 하는 소리야.

민혁 ﹤ 세상을 다 알지는 못하겠지요. 그렇지만 제가 알고 있는 세상 안에서 제가 할 도리를 저도 알아요. 그러니까 그냥 믿으시라고요.

엄마 ﹤ 네가 믿게 해야지 믿지. 이렇게 거짓말을 하잖아, 지금처럼.

민혁 ﹤ 안 믿으니까 거짓말을 하는 거예요.

엄마 ﹤ 야 이놈아! 지금 달걀이 먼저냐, 닭이 먼저냐 싸우자는 거야? 내가 너 거짓말할 때마다 어느 정도는 알고도 그냥 넘어가는 거 알아 몰라? 물론 깜빡 속을 때도 있어. 그렇지만 네 생각보다 더 많이 알고도 넘어가주는 거야, 인마.

민혁 : 알아요. 그러니까 저는 도박을 하는 거죠. 거짓말을 했다가 안 들키면 로또 맞은 기분이거든요. 들키면 혼나면 되고요.

엄마 : 뭐라고, 로또? 이 자식이 정말! (아들의 목덜미를 한 대 후려쳤다.)

민혁 : 이거 보세요. 엄마 마음에 안 들면 늘 이런 식으로 반응하시지요!

엄마 : 야! 넌 이 밤중에 혼비백산해서 뛰어다니는 엄마가 가엾지도 않니? 그리고 이렇게 너랑 엄마가 말다툼하는 게 좋아?

민혁 : 그러니까 이러지 마시라고요. 제가 집에 안 들어가는 것도 아니고…. 그냥 마음 편히 계세요. 전 엄마 가엾지도 않고 미안하지도 않아요. 저도 속상할 뿐이에요.

엄마 : 엄마는 지금 많이 힘들고 속상해. 너랑 다투는 게 싫어. 난 너랑 친밀감을 놓고 싶지 않거든. 그리고 너랑 믿을 수 있는 사이가 되는 게 중요해. (비폭력대화가 생각이 나서 내 느낌과 욕구를 표현해보기로 했다.) 엄마 말이 어떻게 들리니?

민혁 : (내 표현에 아이도 좀 진정을 한 것 같다. 한결 부드럽고 차분하게 말을 하기 시작했다.) 엄마는 신뢰가 중요하시지요? 저는 재미가 중요하거든요. 그리고 놀고 싶고, 자유롭게

살고 싶어요. 그래서 결국은 엄마의 신뢰와 저의 재미, 놀이를 바꾸는 것이지요. 방법이 없거든요. 저도 마음이 안 좋아요.

엄마 ː 재미와 놀이가 중요하다고? 엄마와 너 사이의 신뢰랑 바꿀 만큼?

민혁 ː 예, 엄마의 욕구와 저의 욕구는 똑같이 중요하니까요.

엄마 ː 그만큼 너한테는 자유, 놀이, 재미가 중요하구나. 엄마는 믿음이 중요하고. 알았어, 들어가라. (예상치 못한 아이의 강렬한 욕구 표현에 맥이 빠져서 더 이상 아이와 대화할 기운이 나지 않았다. 자기 자신을 잘 들여다보며 논리 정연하게 말을 하는 아들을 보면서 내 욕구가 충족되지 않은 것만 절절히 가슴 아파하며 아이의 욕구는 들여다보려 하지 않았던 나에 대한 부끄러움이 밀려왔다.)

민혁 ː 쌀쌀한데 같이 들어가시지요?

엄마 ː (엄마 생각하는 놈이 이럴 수 있을까? 놀림을 당하는 것 같다는 생각이 들어 다시금 기분이 나빠진다.) 들어가. 난 마음 좀 정리해야 할 것 같아.

민혁 ː 얼른 들어오세요. 감기 드실까 봐 걱정돼요. (엄마 걱정을 하긴 하나 싶어 나빠지던 기분이 다시 안도감으로 바뀐다.)

멀어지는 아이의 뒷모습을 보며 한참을 서늘한 바람을 맞으

며 앉아 있었다. 내 가슴도 서늘해진다. 엄마의 신뢰와 똑같이 중
요한 아이의 자유와 재미, 놀이를 어쩌랴. 난 내 욕구의 중요성만
보고 아이도 거기에 초점을 맞춰주기를 원했지, 아이 욕구의 크기
는 보지 못하고 있었음을 깨달았다. 순간순간 나 자신과 아이의
욕구를 명료하게 알아차리지 못하면 저 아이가 저렇게 차가운 뒤
통수를 보이며 더 빠른 속도로 멀어질지도 모른다는 두려움이 몰
려온다.

 아이의 일기

자유로울 수만 있다면…

내가 부모님에게 거짓말을 하는 것은 오로지 자유를 얻기 위해서
다. 오늘도 학원이 끝나고 친구와 만나 얘기를 나누고 있는데 엄
마한테 전화가 왔다. 나는 방금 수업이 끝났다고 거짓말을 했다.
친구와 놀고 있다고 말하면 "시간이 몇 시냐? 당장 들어와라" 하
실 것이 뻔해서다.

친구들과 영화를 보려고 하거나 노래방이나 피시방을 가는
것 등, 놀려고 할 때마다 나는 부모님께 허락받아야 하고 부모님
은 그 허락에 인색하다. 그래서 찾아낸 수단이 거짓말이다. 들킬
지도 모르지만 성공할 가능성도 조금이나마 있다. 부모님을 속일

수 있으면 대박이고, 들켰을 때는 혼나면 그만이다.

솔직히 너무 심하다는 생각이 든다. 나는 고등학생이다. 그런데도 학교나 학원을 마치고 집에 들어오는 시간이 조금 늦어지면 어김없이 전화가 온다. "어디야?" 부드러운 척하시지만 내게는 "너, 지금 어디를 헤매고 있는 거야?"로 들린다. 전화를 받고도 늦으면 수도 없이 전화를 해댄다. 그 관심을 어디다 좀 갖다 버렸으면 좋겠다. 숨이 막힌다.

내가 밖에서 놀 수 있는 시간은 오후 10시까지이고, 집에서 컴퓨터 게임을 할 수 있는 시간은 일주일에 세 번, 2시간씩 총 6시간으로 정해져 있다. 완전히 초딩 수준이다. 컴퓨터를 차지하려면 형제들과 경쟁해야 하고, 제한 시간도 너무 짧다. 친구들과 함께 즐길 수준이 되려면 훨씬 더 많은 시간이 필요하다. 다른 아이들은 12시 넘어서 집에 들어가도 별다른 제재를 받지 않는다. 대부분 컴퓨터도 맘대로 한다. 친구들과 게임을 하는 시간이 너무 차이가 나니 수준도 떨어지고, 이러다가 일종의 사이버 따돌림이라도 당하면 어쩌라고! 난 귀가 시간도 다른 아이들처럼 더 여유로웠으면 좋겠고, 컴퓨터도 자유롭게 하기를 원한다.

지금은 우리에 갇혀 사는 느낌이다. 난 자유와 재미, 놀이가 중요하다. 그것을 위해서라면 뭐든 감수할 작정이다.

민혁이와 그 일이 있은 이후, 나는 민혁이의 욕구에 대해 깊이 생각해보는 시간을 가졌다. 그 욕구가 충족되었을 때 민혁이가 가질 느낌과 행복한 미소를 떠올리고 자유와 재미, 놀이와 연결된 생동감 넘치는 에너지 안에 머물러보면서 며칠을 지냈다.

마침 일주일 뒤에 맞은 민혁이의 열일곱 번째 생일날, 우리는 욕구에 초점을 맞추어 두 사람의 욕구를 모두 만족시킬 방법에 관해 길게 대화를 나누었다. 그 결과, 우리는 합의에 이르렀다. 난 아들의 자유, 놀이, 재미에 대한 욕구를 인정하고 존중할 것을 약속했고, 아이는 나와의 신뢰 관계를 지키기 위해 노력하기로 했다. 두 사람의 욕구를 모두 충족시킬 방법을 서로 논의해 다음과 같이 정하고 실천하면서 아들과 나 사이에 평화가 찾아왔다. 신뢰는 혼자만 중요하게 생각하고 원한다고 이루어지는 것이 아님을 나는 아이를 통해 배우고 있다.

아들의 자유·재미·놀이와 엄마의 신뢰를 충족시킬 합의안

1. 귀가가 예상 시간보다 늦어질 때는 가족 중 누구에게든 알린다.
2. 엄마는 통제하려는 의도를 가지고 전화를 하지 않는다.
3. 친구들과 놀기를 원할 때, 노는 장소와 대상을 알리고 귀가 시간을 지킨다.

4. 귀가 시간은 11시로 조정한다. 특별한 경우, 부모와 합의로 조정할 수 있다.
5. 컴퓨터 사용 시간은 본인이 스스로 조정하되 일지를 쓴다. 다른 일에 지장을 준다고 부모가 판단할 경우 통제할 수 있다.

NVC 생각

욕구는 느낌의 근원

비폭력대화의 세 번째 요소는 느낌의 근원인 욕구를 찾는 것입니다. 우리가 어떤 느낌을 가질 때, 느낌의 근원은 따로 있습니다. 어떤 사건이나 상황, 또는 어떤 사람 때문에 느낌이 올라오는 것이 아니랍니다. 사건이나 상황, 사람이 어떤 느낌을 느끼게 하는 자극은 될 수 있어도 느낌의 원인은 아니니까요.

민혁이는 사춘기에 접어들면서 거짓말하는 횟수가 늘어가고 있지요? 아들의 거짓말을 알아차릴 때마다 엄마가 속상하고 서글프시겠네요. 이때 속상하고 서글퍼진 원인이 민혁이의 거짓말이라고 생각하기 쉽습니다. 하지만 느낌의 원인은 자녀와 신뢰 관계를 쌓고 싶고, 진정성을 가지고 소통하고 싶은 엄마의 욕구에 있습니다.

민혁이는 엄마에게 거짓말을 할 때 찜찜하지만 유쾌하고 통쾌하기도 한가 봐요. 솔직한 대화가 안 돼서 답답하지만, 거짓말을 통해 자기가 원하는 자유와 재미, 놀이의 욕구를 채울 수 있기 때문이겠지요.

내가 무엇을 원하고 필요로 하는지, 어떤 것을 중요하게 생각하는지 욕구를 명확하게 알고 싶다면, 느낌을 잘 살피면서 그 느낌의 근원을 이해하려고 노력해야 합니다. 예컨대 아이가 학교에서 친구들과 싸움을 해서 담임선생님의 호출을 받은 어머니가 너무 화가 난 나머지 "그따위로 싸움질이나 하며 학교 다니려면 일찌감치 학교 그만둬라"라고 했다면 어떨까요? 어머니가 진심으로 학교를 그만두길 원할까요? 이 어머니가 자녀에게 하고 싶었던 말은 아마 "엄마는 네가 친구들과 싸우지 않고 친하게 지내면서 학교를 즐겁게 다니기를 원해. 그런 모습을 보며 마음 편안해지고 싶어"일 것입니다.

이처럼 우리는 내가 원하는 것을, 내 마음속 의미를 있는 그대로 표현하지 못하고 충족되지 못한 욕구를 앞의 어머니처럼 아주 비극적으로 표현하는 데 익숙합니다. 아마도 우리가 필요로 하는 것, 우리가 원하는 바를 생각하고 다루는 법을 배운 적이 없기 때문일 것입니다.

우리의 삶에서 욕구를 알아차리는 것은 매우 중요합니다. 나의 욕구를 표현하고 다른 사람의 욕구와 연결될 때, 우리는 서로 만족하는 방법을 찾아나가면서 즐거워집니다. 서로가 서로의 삶을 풍요롭게 하는 데 기여했음을 알게 되거든요. 상대방의 욕구에 귀를 기울일 때, 우리는 그 사람과 유대감을 갖고 공감할 수 있습니다.

욕구는 인류가 가진 보편적인 가치입니다. 모든 사람이 가지고 있고, 누구에게나 소중합니다. 예를 들어 '존중받고 싶다는 욕구'를 생각해볼까요? 존중에 대한 욕구는 특정한 사람에게만 필요한 것이 아니라 누구에게나 중요합니다. 나에 대한 존중도 필요하지만, 타인에 대한 존중도 중요하지요. 다른 사람이 존중받지 못하는 모습을 보면 불쾌해지는 것은 우리 모두에게 존중에 대한 욕구가 있기 때문입니다. '소통'에 대한 욕구도 마찬가지입니다. "나는 아이들과 소통하고 싶어요"라고 누군가가 자신의 욕구를 말할 때 "재수 없다"거나 "뭐 저런 것을 원하나?" 하고 비난할 사람들은 없을 것입니다. 소통은 누구에게나 중요하고 필요하니까요.

욕구에는 레벨이 없습니다. 민혁이 엄마가 착각한 것은 민혁이의 자유나 놀이보다 엄마가 원하는 신뢰가 수준이 높다고 생각한 것인데요. 비폭력대화에서의 욕구는 하나하나 모두 동등하게 중요합니다.

내가 원하는 것, 필요로 하는 것, 중요하게 생각하는 것이 무엇인지 정확히 알 수 있을 때 우리가 원하는 욕구를 충족시키고 문제를 해결할 수 있습니다. 내가 원하는 것에 따라 행동할 수가 있으니까요. 마찬가지로 상대가 원하는 것, 필요로 하는 것, 중요하게 생각하는 것을 내가 정확히 알 수 있으면 내가 상대를 위해 할 수 있는 일도 명확해지겠지요!

욕구 목록

나의 몸을 돌본다는 것	공기, 물, 수면, 음식, 주거, 안전, 돌봄을 받음, 휴식, 건강, 신체 접촉, 부드러움, 보호받음, 따뜻함, 편안함, 자유로운 움직임, 애착, 운동
우리 안에서 조금 더 행복해지려면	기꺼이 주기, 소통, 관심, 지지, 유대, 도움과 지원, 나눔, 친밀함, 수용, 존중, 공동체, 소속감, 배려, 자기 연결, 연결, 우정, 호감, 협력, 이해, 상호성, 공감, 감사, 인정, 위안, 안정, 신뢰, 확신, 예측 가능성, 일관성, 솔직함
서로의 삶이 연결될 때	희망, 재미와 즐거움, 발견, 기여, 축하, 애도, 보람, 능력, 도전, 삶의 의미, 기념하기, 깨달음, 자극, 참여, 회복, 중요하게 여겨짐, 주관을 가짐, 효능감, 유머, 흥
온전한 아름다움에 관해	진정성, 성실성, 존재감, 일치, 평탄함, 여유, 조화, 명료함, 평등, 질서, 홀가분함, 평화, 꿈, 아름다움, 개성, 성적 표현, 비전, 영적 교감, 영성

134

좀 더 자유로워지기 위해	자신의 꿈·목표·가치관을 선택할 수 있는 자유, 꿈·목표·가치관을 충족시킬 계획과 방법을 선택할 수 있는 자유, 자율성, 자각, 치유, 자기 존중, 배움, 자기표현, 성장, 자기 신뢰, 목표, 성취, 전문성, 창조성, 놀이

※ 참고: 이윤정, 《오늘의 나를 안아주세요》, 한국NVC출판사, 2021

💬 욕구와 수단·방법 구별하기

내가 무엇을 원한다고 해서 그것이 다 욕구라고 볼 수는 없습니다. 우리는 욕구와 수단·방법을 혼동하기 쉽습니다. 예를 들어 "엄마는 네가 공부를 잘하는 게 중요해"라고 자녀에게 말했다면, 이때의 공부는 욕구일까요, 수단·방법일까요? 앞에서 말한 것처럼 욕구는 모든 사람이 원하는 보편적 가치랍니다. 공부가 욕구라면 누구에게나 그것이 가치 있을 가능성이 큽니다. 그러나 가치관에 따라서 어떤 사람은 공부를 잘하는 것이 중요하다고 생각하고, 어떤 사람은 공부를 잘하는 것은 인생에서 별로 중요하지 않다고 여깁니다. 그래서 공부는 욕구가 아니고 수단·방법입니다.

아이가 공부를 잘하면 엄마의 어떤 욕구가 충족될까요? 엄마는 아이가 공부를 잘해서 능력 있는 사람이 되었으면 좋겠고, 공부를 통해 배우고 성장하기를 바랍니다. 그렇다면 자녀가 능력이 생기고 배움과 성장을 이루면 엄마의 어떤 욕구가 채워질까요? 아마도 엄마는 안심하고 편안하고 자유롭고 홀가분해지겠지요! 자녀가 공부를 잘하면 부모로서 충족되는 욕구가 아주 많음을 알 수 있습니다.

서로 욕구가 다를 때 우리는 대화를 통해 쌍방의 욕구를 충족시키는 방법을 찾을 수 있습니다. 욕구가 같을 때는 수단·방법에 대해 충분한 대화를 나눌 수 있습니다.

능력이 욕구일 때 어떤 사람은 공부를 방법으로, 다른 사람은 요리를 방법으로, 또 어떤 이는 미용을 방법으로 사용합니다. "엄마는 네가 공부를 잘하기를 원해"라고 말했을 때 자녀가 "난 공부를 잘하고 싶은 마음이 없어요"라고 답한다면 두 사람은 더 이상 대화하기 어려울 것입니다.

"엄마는 네가 능력 있는 사람으로 자랐으면 좋겠는데 네 생각은 어때?"라고 엄마가 자녀에게 말했을 때, "저는 한식 요리사가 되어서 세계 무대에서 제 능력을 펼치고 싶어요"라고 답했다고 가정해봅시다. "한식 요리사가 되려면 어떤 것을 준비하면 도움이 될까?", "조리사 자격증을 따야겠어요" 같은 대화들이 이어질 것입니다. 욕구가 정확히 표현되면 두 사람은 서로 연결될 수 있고, 소통이 가능합니다.

우리가 사람들과 친해지고자 할 때, 욕구는 '친밀한 관계'가 될 것입니다. 그리고 그 욕구를 충족시키기 위한 수단·방법으로 식사를 같이하기도 하고, 여행을 함께 가기도 하고, 차를 마시기도 하겠지요? 또한 어떤 사람은 친해지려면 목욕을 같이 가야 한다고 주장하기도 하고, 술을 마시자고도 하고, 운동을 함께하자고도 할 것입니다.

만일 여러분에게 누군가가 "우리, 목욕 같이 갈래요?"라고 제안한다면 어떻게 하시겠습니까? 다른 사람과 목욕하는 게 거북한 사람이라면 그 제안을 받아들이기 어렵지 않을까요? 이때 상대방이 당신과 목욕을 같이 가고 싶은 것은 '친밀한 관계'를 맺기 위해서라고 욕구를 정확히 알아차린다면 "전 당신과 친해지고 싶은데, 함께할 수 있는 것이 뭘까요?"라고 물어볼 수 있을 것입니다. 그렇게 우리는 서로 받아들일 만한 수단·방법을 찾으며 소통할 수 있습니다.

"오늘 저녁 식사 함께할 수 있을까요?"
"아니요. 오늘은 아이들과 영화 보기로 했어요. 내일 점심은 어떠세요?"

목욕 말고도 친해질 방법은 다양하다는 것, 잘 아시겠지요?

'아이의 일기'에서 보았듯이 민혁이는 자신의 자유와 놀이, 재미를 얻기 위해 '거짓말'이라는 수단·방법을 선택했습니다. 거짓말이 민혁이의 욕구는 아니라는 것은 여러분도 눈치채셨지요? 그렇기 때문에 엄마가 민혁이의 거짓말에만 반응한다면 두 사람은 소통할 수가 없습니다. 거짓말이라는 수단을 통해 민혁이가 충족시키려던 욕구에 초점을 맞추어 대화해야 두 사람은 연결될 수 있지요.

민혁이는 자유, 놀이, 재미를 원합니다. 엄마의 욕구는 친밀한 관계와 신뢰이고요. 상대의 욕구를 알아차리고 존중하면서 소통할 때 쌍방의 욕구를 모두 충족시킬 방법이 탄생합니다.

게임에 빠진 태랑이

다음은 욕구를 잘 알게 되면서 갈등을 해결한 엄마와 아들의 예입니다.

태랑이 엄마가 비폭력대화 수업 중에 아들의 이야기를 들려주었습니다. 고등학교 1학년인 태랑이는 매일 수업 후에 피시방에 들러서 게임을 3시간씩 하고 온답니다. 더 큰 문제는 집에 와서도 유튜브를 보느라 스마트폰을 손에 쥐고 산다네요. 그래서 매일 그 일로 다투는데, 태랑이는 "공부 잘하면(현재 전교 10등 이내) 되는 거 아니냐?"며 스트레스 해소의 한 방법이라서 자신한테는 게임과 유튜브가 너무 중요하다고 했답니다. 엄마는 게임 중독일까 봐 걱정되고, 성적이 떨어질까 봐 불안합니다.

태랑이가 피시방에 가지 않고 집으로 와서 무엇을 하기를 원하느냐고 묻자, 태랑이 엄마는 아이가 집에 와서 음식도 먹고, 쉬기도 하고, 책도 읽고, 운동도 하기를 원한다고 했습니다. 태랑이가 먹고, 쉬고, 책을 읽으면 어떤 욕구가 채워지느냐고 물었더니,

엄마는 한참을 생각하고 나서 '능력 있는 사람이 되는 것'과 '자기 통제'를 하는 것이 중요하다고 말합니다. 태랑이가 능력 있고 자기 통제를 잘하면 또 어떤 욕구가 중요할지 생각해보라고 했더니, 곧 눈물이 그렁그렁해지면서 태랑이와 친밀감을 느끼며 소통하고 싶다고 하네요.

알고 보니 태랑 엄마는 집을 마련할 돈을 모으려고 직장에 다니느라 아이를 낳자마자 시골에 계신 할머니 댁으로 보냈고, 10년 후 집을 사고 나서야 가정으로 데려왔다고 합니다. 데려와 함께 지내보니 습관이나 행동이 엄마가 키운 동생과 차이가 있었나 봅니다. 태랑이에게서 시어머니의 부정적인 모습이 보였고 아들에게 불평을 하게 됐는데, 그럴 때면 태랑이는 "엄마는 나를 키우지도 않았으면서 왜 할머니를 흉봐요?"라며 대들고, 엄마와 아들의 관계는 멀어져만 갔습니다. 아이는 외로움을 공부로 풀었으나 집에 오면 엄마의 잔소리가 듣기 싫어서 밖으로 돌다가 온다는 것이었습니다.

집으로 돌아온 순간부터 태랑이와 엄마는 신경전을 벌입니다. 엄마는 아들의 태도 하나하나가 불만스러우니 잔소리를 계속해대겠지요? 엄마는 어릴 때 떼어놓은 그 아들이 애처롭고 미안하면서도, 엄마를 대하는 태도가 온순하지 않으니 화가 난다고 했습니다.

그럼, 태랑이의 욕구는 무엇일까요? 수업 후 집으로 돌아오면 일단은 쉬고 싶을 것입니다. 아무 간섭도 받지 않고 자유롭고 편안하게 지내고 싶겠지요! 공부를 잘하는 아이라면 자기 조절 능력에 대해서는 믿어도 되지 않을까 싶네요. 엄마가 "책을 읽어라", "신문을 읽어라" 잔소리를 하지 않는다면 상황은 달라질 수 있습니다.

태랑이도 엄마와 친밀해지고 싶은 욕구가 있을 것 같지 않으세요? 그리고 더 사랑받고 싶을 거예요. '나를 키우지도 않았으면서 할머니 흉보지 말라'는 말로 보아, 엄마가 할머니를 존중하고 배려해주기를 바라고 있네요. 엄마의 보살핌이 할머니의 방식과 비교되어 아직도 낯설고 불만스럽고, 동생처럼 엄마와 친밀하게 지내지 못하는 게 아쉽고 답답하다는 표현으로 추측됩니다. 소통이 진정으로 필요해 보입니다.

아들의 느낌과 욕구를 추측해본 태랑이 엄마는 많이 울었습니다. 그리고 태랑이 엄마는 아들과 자신의 욕구에 공통점을 발견하더군요. 그것은 친밀과 소통이었습니다. 태랑이가 집에 들어왔을 때, 예전처럼 불만에 차 화가 난 엄마 얼굴이 아니라, 피시방에 다녀온 아이를 있는 그대로 수용하고 사랑하는 마음을 가진 엄마의 얼굴을 보여주면 어떨까요? 어릴 때 떨어져 지내서 아직 낯선 아들과 엄마에게는 더욱 친밀해지고 사랑할 시간이 필요합니다. 엄마의 사랑을 확인하고 친밀감을 느끼며 소통할 수 있다면 태랑이는 집에 들어오는 것이 편안하고 즐거워질 것입니다. 능력 있는 아이보다 엄마의 사랑을 충만하게 느낄 수 있는 아이가 행복하지 않을까요?

태랑이 엄마에게 사랑과 친밀감을 충만하게 느끼고 소통이 원활하면 어떨지 상상해보도록 했습니다. 엄마의 표정이 금방 환해졌습니다. 자신의 욕구를 명확히 깨닫고 아들의 욕구를 느껴본 엄마는 그날 집으로 돌아가 무엇을 해야 하는지 깨달았다고 말했습니다.

그다음 주에 프로그램에 참여한 태랑이 엄마의 표정은 한결 편안해 보였습니다. 아들을 더 사랑하고 아들과 더 친밀하게 지내고 소통하고 싶은 확실한 욕구를 알게 된 엄마는 태랑이가 오면 예전처럼 "오늘도 피시방 가서 놀다 온 거냐? 그러다가 성적 떨어지면 어쩌려고 그러냐?"며 화를 내지 않았습니다. 대신 "잘 다녀왔냐?"고 친절하게 인사했답니다. 맛있는 음식을 같이 먹으면서 학교에서 일어난 일을 묻기도 하고, 엄마가 하루를 어떻게 보냈는지도 얘기하면서 '친밀함과 소통'의 욕구를 충족하는 데 노력을 집중했더니, 맨 처음에는 반응이 시원치 않던 태랑이가 조금씩 엄마와 말하기 시작했대요. 엄마와 웃기도 하고 농담도 주고받으면서 편안해하더니, 드디어 태랑이는 피시방을 거치지 않고 곧장 집으로 왔답니다.

태랑이는 내일 다시 피시방에 갈지도 모릅니다. 그러나 태랑이는 엄마와의 관계에서 기쁨을 느껴보았어요. 한 발자국 나아간 것이지요. 엄마가 태랑이의 욕구를 읽어주고 태랑이도 엄마의 욕구를 확인할 수 있다면, 모자간의 소통은 원활해지고 태랑이는 집으로 돌아오는 게 즐겁고 편안해질 것입니다.

욕구를 의식하기

욕구를 알아차리는 연습입니다. 말하는 사람이 자기 느낌의 밑바탕에 있는 욕구를 의식하고 있음을 보여주는 문장을 골라보세요.

1 "우리 애는 숙맥이야. 선생님이 발표를 시키면 목소리가 기어들어."

2 "아이가 대들 때 나는 절망감을 느껴. 나는 서로 존중해주기를 원하거든."

3 "비폭력대화를 안 배운 엄마가 1년 동안 배운 나보다 아이들과 대화를 더 잘하더라."

4 "우리 아이는 공부를 하는 시간보다 노는 시간이 훨씬 더 많아."

5 "아이 시험 때가 되면 아이를 응원하고 지원하기 위해 나는 일찍 들어오려고 노력해."

6 "우리 선생님이 아이들을 편애하지 않았으면 좋겠어."

7 "엄마가 아플 땐 식구들의 도움이 필요한데 네가 부엌일을

도와줘서 감동했어."

8 "네가 누나와 소리 지르며 다툴 때, 엄마는 불편해. 너희가 부드럽게 소통하며 우애 있게 지내는 게 엄마는 중요하거든. 그럴 때 너희 키운 보람을 느끼기도 해."

9 "아빠는 너와 솔직하게 표현하며 소통하기를 원하는데, 남자 친구에 관해 얘기하는 너를 보니 안심이 된다."

10 "할아버지, 할머니께 다정하게 안부 전화를 하는 네 모습을 보면 흐뭇해. 엄마는 너와 할아버지, 할머니가 자주 연결되기를 원하거든."

11 "아빠가 제 핸드폰 문자를 보면 불쾌해요."

12 "축제를 준비하면서 협력이 필요했는데 각자 맡은 준비물을 잘 챙겨줘서 만족스러웠어."

13 "동생이 말도 안 하고 내 옷을 가져다 입으면 정말 신경질이 난다."

14 "엄마가 못한 것만 골라서 야단을 치시면 서운해요."

15 "지각할까 봐 걱정했는데 차 태워주셔서 안심이에요. 감사합니다."

16 "엄마는 너희들이 싸우는 거 싫어."

17 "저한테 욕하지 마세요."

18 "난 돈이 제일 중요해."

19 "게임이 우리에게 얼마나 중요한데요."

20 "날 그냥 내버려둬."

연습 문제에 대한 민혁이의 대답

1 이 문장은 자녀의 행동을 평가하고 비난하는 데다 말하는 사람의 느낌이나 욕구가 드러나 있지 않아요. "우리 애가 발표하는 것을 보면 아쉽고 답답해. 우리 아이가 자신 있고 당당하면 나는 안심이 될 거 같아"라고 말한다면 어떨까요?

2 빙고! 말하는 사람이 자신의 느낌과 연결된 욕구를 알아차렸다는 것에 대해 저와 의견이 같습니다. 존중하면 대들지는 않을 거예요.

3 이 문장을 선택했다면 저와 의견이 서로 다르네요. 느낌과 느낌 뒤의 욕구를 표현하기 위해서 "비폭력대화를 안 배운 사람이 1년 동안 배운 나보다 자녀와 대화를 친밀하게 잘하는 것을 보면 부끄러워. 나도 아이를 존중하고 사랑하며

의사소통을 하기를 원하거든"과 같이 말할 수 있겠지요.

4 음, 아쉬운 문장이에요. 관찰부터 다시 해보면 어떨까요? "우리 아이가 30분 공부하고 4시간 노는 것을 볼 때, 난 답답하고 걱정이 돼. 아이가 자기 조절을 잘해서 내가 믿을 수 있으면 좋겠어"라고 말할 수 있겠죠.

5 빙고! 말하는 이가 자신의 욕구를 인식하고 있다는 것에 우리 의견이 일치하네요. 참, 응원과 지원은 저희에게 아주 중요하답니다.

6 어, 저와 의견이 달라요. "나는 선생님이 어떤 아이를 싫어하신다는 생각이 들면 마음이 아파. 아이들이 공평한 세상에서 살기를 원하거든"과 같이 말하신다면 욕구가 표현되겠지요.

7 빙고! 도움이 필요하다고 하면 다른 사람들이 그 방법을 찾으려고 궁리할 것 같지 않으세요? "엄마가 아픈 거 알아? 몰라?"라는 식의 표현보다 훨씬 좋습니다.

8 계속되는 빙고! 좋습니다. 엄마가 왜 불편한지 그 느낌의 뿌리를 알아차렸다는 것을 우리는 알 수 있죠! "싸우지 마라"보다 "우애는 중요한 거야"라는 말이 더 가슴에 와닿는답니다.

9 빙고! 아빠는 솔직하게 소통을 하는 부모 자녀 관계를 맺고 싶으시군요! 저 역시 부모님과 솔직하게 소통하기를 원해요.

10 빙고! 저도 알아요. 노인분들에게는 따뜻한 정이 더 많이 필요하다는 거요.

11 이 문장을 선택했다면 저와 의견이 다른 거예요. 느낌과 느낌의 근원인 욕구를 표현하기 위해서 이렇게 말할 수 있겠죠. "아빠, 저는 사생활을 존중받고 싶어요. 제 문자 보시면 불쾌해요."

12 빙고! 협력이 욕구이고, 준비물을 잘 챙겨준 것은 협력을 충족하게 해준 수단·방법이 되겠지요?

13 동생이 옷을 입고 나가는 게 싫은 이유는 사람마다 다 다를 것입니다. 느낌과 느낌의 근원인 욕구가 저마다 다르기 때문이지요. 저라면 이렇게 말할 것 같아요. "전날 계획한 대로 옷을 입고 싶은데 동생이 내 옷을 입고 나가면 신경질이 난다." 욕구는 예측 가능성이 되겠고요. 저는 동생 옷을 잘 안 입는데 동생이 제 옷을 자주 입으면 상호성이 깨어지기도 해요.

14 이 말을 하는 자녀의 욕구는 인정이겠지요! 우리 엄마도 주로 제가 잘한 것은 그냥 지나치고 못한 것은 정확히 꼬집어 말하시는데, 그럴 때 인정받고 싶다는 제 욕구는 상처를 받는답니다. 그렇다면 이렇게 말할 수 있겠죠? "엄마, 전 잘한 것을 인정받고 싶은데 못한 것만 골라서 야단치실 때 서운해요."

15 빙고! 의견이 일치했어요.

16 엄마 말에는 욕구가 표현되지 않았어요. 이렇게 말하면 어떨까요? "엄마는 너희들이 사이좋게 지내서 집안이 평화로웠으면 좋겠어."

17 욕구 표현이 안 되었어요. "저는 존중받고 싶어요"라고 말
하면 욕구 표현이 되겠죠!

18 돈은 수단·방법이지요? 돈이 제일 중요하다는 말은 "안락
하게 살고 싶어"라고 바꿀 수 있겠어요.

19 게임이 중요하다는 것을 보니 '재미'를 원하는군요!

20 내버려두라는 말은 모호하게 들리지요? "난 쉬고 싶어요"
라고 말하면 명확하겠네요.

당신의 느낌과 욕구는?

다음 상황에서 당신의 느낌과 욕구를 적어보세요.

1 학교에 다녀온 딸아이에게서 담배 냄새가 날 때

느낌

욕구

2 낮에 아이와 같은 반 친구 엄마로부터 성적표가 나왔다는 소리를 들었는데, 성적표가 나왔느냐는 물음에 아이는 "아니요, 안 주셨어요" 할 때

느낌

욕구

3 큰아들이 "우리 집은 정말 너무 재미없어요" 할 때

느낌

욕구

4 막내아들이 "엄마, 우리 반 여자애가 나랑 사귀자는데 어떡할까?"라고 말할 때

느낌 _____

욕구 _____

5 아이는 1시간 전에 학원에 갔는데 학원에서 결석했다고 전화가 왔을 때

느낌 _____

욕구 _____

6 어버이날에 아이로부터 카네이션과 카드를 받았을 때

느낌 _____

욕구 _____

7 아이가 눈을 치켜뜨면서 "엄마가 알아서 뭐하게요?"라고 말할 때

느낌 _____

욕구 _____

8 아빠와 엄마가 큰 소리로 싸우는 것을 아이가 볼 때

느낌 _____

욕구 _____

9 부탁할 게 있어서 막내 이름을 세 번이나 불렀는데도 유튜브를 보느라 대답하지 않을 때

느낌 _____

욕구 _____

10 아빠가 "네가 내 딸이어서 너무나 행복하다"라는 말을 하실 때

느낌 _____

욕구 _____

연습 문제에 대한 민혁이의 대답

1 느낌 걱정된다, 의심스럽다

  욕구 건강, 신뢰, 명료함

2   느낌   실망스럽다, 화가 난다

       욕구   솔직함, 신뢰

3   느낌   아쉽다, 미안하다

       욕구   재미, 연결

4   느낌   즐겁다, 기대된다

       욕구   친밀함, 소통

5   느낌   걱정된다, 황당하다

       욕구   아이의 안전, 이해

6   느낌   기쁘다

       욕구   사랑, 친밀한 관계, 보람, 연결

7   느낌   화난다, 막막하다

       욕구   소통, 존중

8   느낌   불안하다, 무기력하다

       욕구   평화, 안전, 휴식

9   느낌 화가 난다, 불쾌하다, 답답하다

     욕구 소통, 연결, 도움

10 느낌 만족스럽다, 행복하다

     욕구 인정, 연결, 사랑, 안전

04

부탁

아이고, 내 팔자야!

대형 할인점에 다녀왔다. 며칠 몸살이 나서 누워 있었더니 집이 말이 아니다. 먹을 것은 다 떨어졌고, 입을 옷이 없다며 아침마다 다들 아우성이다. 엄마는 마음대로 아플 수도 없다는 것을 아이들은 알지 모르겠다. 어쩌면 그렇게들 생각이 없는지, 남편도 아이들도 똑같다. 구석구석 먼지 뭉치하고는…. 서럽고 짜증이 난다.

　장 본 것을 끙끙거리며 집으로 들고 와서 현관에 놓고는 너무 힘이 들어서 소파에 누워 있는데, 민서와 민우가 같이 들어온다.

아이들 < 다녀왔습니다.

민서 < 엄마, 장 보셨네. 내가 좋아하는 바나나우유는?

장바구니를 뒤적이더니 바나나우유를 하나 쏙 빼서 쪽쪽 빨며 자기 방으로 들어가버린다.

민우 < 누나는 치사하게 혼자만 먹냐? 엄마, 혹시 빵 같은 건 안 사 왔어요?

엄마 < 거기 들춰봐. 네가 좋아하는 치즈빵 사 왔으니까.

그때 들어오는 민혁이.

민혁 < 다녀왔습니다.

엄마 < 그래, 잘 갔다 왔니?

민혁 < 엄마! 저, 오늘 육개장 먹고 싶어요. 장 보신 거 같은데, 플리즈.

가만히 누워 있자니 부아가 치밀어 오른다. 이 녀석들이 자기 엄마가 아픈 걸 알기나 하는 거야? 애가 셋이면 뭐해? 부엌으로 장바구니를 옮겨주는 놈 하나 없고. 순간, 나는 소리를 질렀다.

엄마 ⟨ 야! 너희들은 엄마가 지금 괜찮아 보여? 아파 죽겠는데
도 기 쓰고 장 봐 왔더니 어쩌면 눈에 보이는 장바구니
하나 들어다 놓는 애가 없니? 엄마가 밥하는 사람이야?
엄마 아픈데 너희는 뭘 해줬어? 입을 옷 없고, 반찬 없다
고 불평이나 하고. 도대체 내가 무슨 영화를 누리겠다고
자식을 셋이나 낳아서 이 고생인지, 원….

애들은 놀랐는지 쪼르르 달려 나와서 장바구니를 하나씩 싱
크대 앞에 가져다 놓고 식료품을 냉장고에 집어넣는다.

엄마 ⟨ 쇠고기는 냉장고에 넣지 말고 물에 담가놔.
아이들 ⟨ 네.

겨우 일어나 서러운 마음을 달래며 음식을 만들어서 저녁을
차렸다. 남편이 퇴근했다.

아빠 ⟨ 당신, 이제 좀 나았나 봐. 육개장 끓였네. 맛 좋다!

민서가 아빠를 쿡 찌른다.

아빠 ⟨ 왜 그래? 넌 맛없니? 아 참, 육개장은 우리 민혁이가 좋

아하지?

나는 식탁에서 일어나 세탁기에서 빨래를 꺼냈다. 민우가 얼른 일어나 빨래를 대신 들어다 준다. 나는 베란다에 빨래를 널기 시작했다.

민우ː 엄마, 내가 제일 마음에 들지?

엄마ː 그래, 가서 밥이나 먹어.

아빠ː 당신, 밥 다 먹은 거야? 밥 먹고 하지?

엄마ː 내가 밥이 들어가겠어? 당신은 지금 내가 나은 걸로 보여? 어른이 이 모양이니 애들이 뭘 알아? 그저 맛있는 것만 목에 넘어가면 아무 생각이 안 들지?

아빠ː 당신, 뭐 화난 거 있어? 오늘 좀 까칠하다.

엄마ː 뭐, 까칠? 내가 지금 까칠하지 않게 생겼어? 당신은 아프면 어떻게 해? 그 덩치에 끙끙 앓으면서 나한테 이거 해달라, 저거 해달라 징징거리지? 세상에…. 며칠 누워 있었다고 집이 이게 뭐야? 수건은 있는 대로 나와 있고, 음식은 딱 떨어지고. 모두 너무한다, 너무해. 오죽하면 아픈 몸을 끌고 마트에 다녀왔을까? 다 필요 없어. 지금도 봐. 무거운 빨래 들고 지나가도 당신은 밥만 먹고 있잖아?

아빠 <	이 사람은…. 당신이 뭐가 필요한지 내가 어떻게 알아? 나한테 시키지 그랬어. 지금 빨래 널어? 말을 해야 알지. 말하면 다 하잖아. 배달을 시키지, 왜 아픈 몸을 끌고 장을 봤어.
엄마 <	이렇게 냉장고가 비었는지 몰랐잖아. 자기가 좀 주문해 놓지…. 그리고 당신이 애야, 일일이 말로 해야 하게? 모를 게 따로 있지.
아빠 <	아이고, 우리 마나님 노하셨네. 잘못했어. 어제 프로젝트 마감이어서 나도 정신이 없었네. 얘들아, 뭐 하니? 민우는 빨래 널고, 민서는 설거지하고, 민혁이는 청소기 돌려라. 아빠는 엄마 죽 끓일게.

아이의 일기

우리가 뭐, 귀신인가?

- -

엄마는 나보고 툭하면 "어쩌면 너는 변덕이 죽 끓듯 하니?"라고 비난을 하는데, 내 변덕은 아무래도 엄마를 닮은 것 같다. 오늘도 마찬가지다. 내가 바나나우유를 찾을 때까지만 해도 친절하던 엄마는 민혁이가 육개장을 끓여달라는 말을 하자 신경질을 부리더니, 아빠가 오자 신경질이 절정을 이루었다. 여우 같은 민우 자식은 그 틈에 엄마 빨래를 날라다 주며 간신 짓을 하고, 눈치 없는 아빠와 민혁이, 나는 완전 날벼락을 맞았다.

얼마든지 좋게 표현해도 될 것을, 엄마는 히스테릭하게 표현한다. 우리가 뭐, 귀신인가? 엄마 마음을 다 알고 원하는 대로 하게? 가끔 엄마는 너무 과한 것을 원한다. 알아서 하기를 원하는 게 과한 거다. 아빠 말씀대로 엄마가 어디 불편한지, 가족에게 무엇을 원하는지 하나하나 알려주고 부탁한다면 우리 가족은 충분히 더 행복할 수 있을 것 같다.

엄마가 아프면 나는 싫다. 우리 집에는 여자가 엄마랑 나, 둘인데 엄마가 아프면 내가 할 일이 늘어난다. 이번에도 그랬다. 엄마가 독감에 걸려 편찮으시니 아빠가 음식을 만드셨는데, 뭘 하나 만들려면 적어도 나를 열 번은 부르신다. "민서야! 간장 어디 있니?", "참기름은 어디 있어?", "미역국에 파 넣는 거니, 아니니?" 진짜 귀찮아 죽겠다.

그래도 우리 모두 나름대로 애를 썼다. 아침에 아빠가 깨우면 엄마가 깨울 때보다도 빨리 일어났고, 학교에서도 놀지 않고 바로 집으로 왔다. 학원에, 과외에 바쁜 와중에 엄마 마음 쓰이지 않게 하려고 민혁이와 민우도 많이 챙겼다. 엄마는 부탁하는 방법을 배워야 한다.

삶을 풍요롭게 하는 부탁

비폭력대화의 네 번째 요소는 부탁입니다. 비폭력대화를 만든 마셜 로젠버그는 단순히 '부탁'이라 하지 않고 항상 '삶을 풍요롭게 하는 부탁'이라고 말합니다. 그렇습니다. 우리의 삶을 풍요롭게 하기 위해서 다른 사람에게 우리가 원하는 바를 부탁하는 방법을 익히는 것은 의미 있는 일입니다.

민혁이 엄마는 아파서 누워 있는 동안에 가족들에게 협조를 구하는 부탁을 하지 않았지요? 알아서 움직여주겠거니, 막연히 바랐어요. 그러다 원하는 만큼 협력하지 않으니까 맨 처음에는 서운하다가 여러 가지 판단과 생각이 더해져서 서글퍼지고 화가 났을 것 같아요.

우리는 함께 산다는 이유로, 오랜 세월을 함께했다는 이유로, 또는 친하다는 이유로 상대가 내 맘을 알아서 꿰뚫어보고 행동해주기를 바라는 경우가 종종 있는데, 그러면 서로 불행해지기 쉽답니다. 다음은 그런 바람을 담은 말들의 예입니다.

"당신이 나랑 10년을 살았는데 그걸 말로 해야 하나요?"
"배 아파 낳아서 20년이나 키웠는데도 엄마 말이 무슨 말인지를 몰라?"

"열일곱 살이나 먹었는데 뭘 해야 할지 모르겠니?"

10년을 부부로 살아도, 낳아서 20년을 키워도, 열일곱 살이 되어도 내가 표현하지 않으면 상대는 내가 원하는 대로 해줄 수가 없답니다.

민혁이 엄마가 학교에 다녀온 아이들에게 "현관에 있는 장바구니 좀 들어다가 싱크대 앞으로 옮겨줄래? 냉장고에 들어갈 음식들은 넣어주고"라고 얘기했다면 어땠을까요? 아픈 동안에도 남편에게 "세탁기를 돌려줄래요?", "식재료가 떨어진 거 같은데 주문해줄래요?", "여보, 걸레질 좀 부탁해요"라고 했다면 상황은 달라졌을 것입니다.

민혁이 엄마가 원한 것은 자신이 몸이 아픈 동안에 가족들이 베풀어주는 배려와 협조였을 텐데요. 부탁을 하지 않으면 나의 욕구를 충족할 방법은 멀어진답니다. 내 영혼이 원하는 것을 내가 돌보는 방법이 바로 '부탁'입니다.

그렇다면 어떻게 해야 상대가 즐거운 마음으로 부탁을 들어줄 수 있을까요? 표현할 때 몇 가지 주의를 기울이면 됩니다.

👀 긍정적인 언어로 부탁하기

부탁할 때는 내가 '원하지 않는 것'보다는 '원하는 것'에 중점을 두어야 합니다. 여러분도 어릴 때 부모님이 하지 말라고 말씀하시면 더 하고 싶었던 경험이 있을 것입니다. 가지 말라면 더 가고 싶고, 먹지 말라면 그 맛이 더 궁금해지는 것은 어쩌면 당연한 일인지도 모릅니다. '긍정적인 언어'를 사용해서 부탁할 때 우리는 원하는 것에 더 가까이 다가갈 수 있습니다. 예컨대 "방 좀 어지르지 않을 수 없니?"보다는 "방에 흐트러진 옷을 옷장에 걸어줄래?"라고 말할 때, 상대가 내 부탁을 들어줄 가능성이 커진답니다.

긍정적인 언어 사용에는 또 다른 장점이 있습니다. 부탁이 더 명료해진다는 것입니다. 자녀에게 "컴퓨터 게임 좀 그만할 수 없겠니?"라고 부탁했다고 가정해볼까요? 이 부탁은 듣기에 따라 해석을 달리할 수 있습니다. 컴퓨터 게임을 그만하라고 했으니까, 컴퓨터 말고 게임기로 하는 게임은 괜찮다고 생각할 수도 있다는 말이지요. 이때 "컴퓨터 게임을 시작한 지 2시간 30분이 지났네. 엄마랑 약속한 대로 게임은 2시간만 하자. 마무리 부탁해"라고 말한다면 소통이 훨씬 더 명쾌해지지 않을까요?

👄👄 구체적인 행동을 부탁하기

부탁할 때 막연하고 추상적이거나 모호한 표현을 쓰면 상대가 행동하기 어렵습니다. 예컨대 "엄마가 할머니 댁에 다녀올 동안 네 할 일 알아서 해라"라고 말한다면, 아이는 뭘 알아서 해야 하는지 너무 막연해서 아무것도 못 할 수도 있습니다. "엄마가 할머니 댁에 다녀오는 동안 학교 숙제를 해놓고 동생과 저녁을 먹을 수 있겠니?"라고 말하면 어떨까요?

상대가 행동할 수 있도록 도우려면 구체적으로 부탁해야 합니다. 식당에 간 상황을 예로 들어볼까요? '어린아이를 데리고 왔으니 알아서 맵지 않게 해주겠지? 젓가락 대신 포크도 하나 줄 거야'라고 생각만 하고 있다면, 식당 주방장과 종업원이 알아서 나의 욕구를 모두 채워주기는 어려울 거예요. "아이랑 함께 먹을 거라 양념을 덜 맵게 부탁드려요. 그리고 아이가 쓸 수 있는 포크 하나 주시겠어요?"라고 부탁했을 때 내가 원하는 것에 좀 더 가까이 갈 수 있습니다.

얼마 전에 부모님을 모시고 갈비를 먹으러 갔습니다. 고기도 신선하고 직원들도 친절하고 다 좋았는데 후식으로 주문한 물냉면이 너무 짰습니다. 그냥 남기고 갈까 고민하다가 부탁을 해보기로 했습니다. "여기 처음 왔는데 갈비도 맛있고 밑반찬도 특색 있

165

고 다 좋았어요. 그런데 물냉면이 제 입에는 짜게 느껴져서 못 먹겠는데 방법을 찾아주실 수 있을까요?"

그러자 멀리서 듣고 있던 주인이 와서 친절하게 말했습니다. "그럼, 다시 만들어 내올까요? 아니면 다른 것으로 주문을 다시 하시겠어요?" 멸치국수로 주문을 바꾸어 먹고 계산을 하러 갔을 때 주인은 미안하다며 말했습니다. "손님! 오늘 죄송했습니다. 만족스러우실 때까지 계속 노력할 테니 다음에 다시 들러주십시오" 라고 말입니다.

주문한 음식에 대한 불평을 속으로만 삼키고 식당 측에 다른 부탁을 하지 않았다면 저는 먹는 내내 마음이 불편했을 것이고, 다시 그 식당에 가는 일은 없었을 것입니다. 그러나 식당 주인은 제 부탁을 받아들였고, 자신이 할 수 있는 배려를 충분히 하면서 제게 다시 방문해달라고 부탁했습니다. 그 일이 있은 이후 그 식당에 대한 신뢰가 생겼고, 중요한 모임이 있을 때 가끔 그곳을 찾는답니다.

💬 의식적으로 부탁하기

아무 말을 하지 않아도 상대가 알아서 해주었으면 싶을 때가 있습니다. 또, 돌려서 말하더라도 상대가 속뜻을 제대로 파악해 내가 무슨 부탁을 하는지 알아주기를 바랄 때도 있지요.

"방이 이게 뭐니? 웬만하면 방 좀 치우지 그래?" 또는 "난 네 방에만 들어오면 속이 터진다"라고 말한다면 어떨까요? 엄마가 방 청소를 부탁하고 있다고 아이가 알아들을 수 있을까요? "교복은 침대 위에 있고, 양말은 의자 위에 있고…. 엄마는 네 방에 들어오면 답답해. 방 정리를 위해 협조가 필요한데, 교복은 옷장에 걸고 양말은 세탁기에 넣어줄래?"라고 말한다면 상황은 달라질 것입니다.

💬 지금 바로 할 수 있는 것을 부탁하기

자녀가 어릴 때 부모들이 다음과 같은 부탁을 하는 경우가 있습니다. "이다음에 결혼해도 엄마랑 살 거지?" 또는 "너, 이다음에 어른 돼서 취직하면 아빠 한 달에 50만 원씩 용돈 주기다" 등등. 이런 부탁은 거절하기 힘들고, 들어주기는 너무 어려울뿐더러, 들어주겠다고 약속해놓고 나중에 어른이 되어 실천하지 못하면 죄책감을 느끼게 됩니다.

미래의 일을 부탁할 때는 그것을 미래에 해주기로 지금 약속할 수 있는지를 물어야 합니다. 예컨대 "대학생이 되어도 일요일 저녁은 집에 와서 먹기를 바란다"가 아니라, "대학생이 되어도 일요일 저녁은 가족과 먹겠다고 지금 약속할 수 있니?"가 좋겠지요.

삶을 풍요롭게 하는 부탁은 먼 미래에 관한 이야기가 아닙니다. "저녁 먹고 나서 쓰레기 버리는 거 도와줄 수 있니?"나 "학교에서 돌아오는 길에 밀가루를 사다 줄래?"처럼, 현재 가능한 일에 초점을 맞추어 말하는 것입니다.

💬💬 부탁의 종류

부탁에는 연결부탁과 행동부탁이 있습니다. '연결부탁'은 상대가 내 말을 듣고 어떤 느낌이 드는지, 어떤 생각을 하는지를 물어보는 것입니다. 예를 들면 "컴퓨터 게임을 시작한 지 2시간 30분이 지났네. 약속대로 2시간만 했으면 좋겠어. 네 생각은 어때?" 또는 "아빠가 묻는 말에 네가 대답 안 할 때 많이 서운하더라. 아빠는 대화하고 싶은데…. 아빠 말이 어떻게 느껴져?" 하고 상대의 마음과 연결하기 위한 부탁이 연결부탁이랍니다.

'행동부탁'은 구체적인 행동을 부탁하는 것입니다. "교복을 옷장에 걸어줄래?", "양말은 세탁기에 넣어주겠니?", "쓰레기 버리는 거 도와줄래?"처럼 지금 바로 할 수 있는 행동을 부탁하는 것이지요.

그런데 부탁할 때 유의할 점이 있습니다. 말하는 사람의 느낌과 욕구는 표현하지 않고 부탁하고 싶은 말만 하면 연결부탁을 하든, 행동부탁을 하든 명령처럼 들릴 수가 있다는 것이지요. 따라서 부탁할 때는 비폭력대화의 네 가지 요소를 갖추어 표현하는 것이 중요합니다. 특히 사춘기 청소년들은 관습에 대한 거부감이 심하고 어른들이 하는 말은 대체로 비난이나 조종하려는 의도를 가진 말로 듣는 경우가 많으므로, 이들과 대화할 때는 진심 어린 느낌과 정확한 욕구를 표현하는 것이 좋습니다.

어떤 상황에서 내가 자극받은 것을 관찰로 말하고, 그 관찰을 통해 느낀 바와 그 느낌 뒤에 있는 욕구를 표현하면서 부탁한다면, 우리의 욕구가 충족될 가능성은 커지겠지요!

💬 부탁과 강요를 구별하기

상대가 부탁에 응하지 않는다고 해서 상대를 비난하거나 비판한다면, 그건 부탁이 아니라 강요를 한 것입니다. 부탁은 상대가 거절할 가능성도 예견하면서 그것을 수용하는 태도를 보이는 것입니다. 부탁을 받은 사람이 상대의 부탁에 응하지 않으면 비난이나 벌을 받을 것이라는 두려움 때문에 거절하지 못한다면 그것 또한 강요입니다.

강요를 받으면 사람들은 흔히 복종하거나 반항을 하게 됩니다. 따라서 상대가 흔쾌히 부탁을 들어줄 수 있을 때만 들어줘도 충분히 마음을 표현한 것이 됩니다. "쓰레기 좀 갖다 버려라"보다는 "쓰레기 좀 갖다 버려줄 수 있니"처럼 권유형으로 말하면, 듣는 사람이 즐거운 마음으로 부탁에 응할 수 있게 되겠지요.

아침에 학교 가는 아이에게 "나가면서 쓰레기 좀 버려줄래?"라고 얘기했을 때, 아이가 "싫어요. 교복 입고 쓰레기 버리는 거 싫다고요. 그리고 바빠요"라고 말했다고 가정해볼까요? 이때 "아, 교복에 뭐 묻을까 봐 걱정되나 보구나. 그리고 시간 맞춰서 학교 가고 싶다는 거지?"라고 마음 편하게 아이의 욕구를 인정할 수 있다면 제대로 부탁한 것입니다. 그러나 "가는 길에 쓰레기를 놓고 가는 것이 뭐가 힘들다고 그러니? 가족끼리 돕는 게 당연하지. 어쩜 넌 그렇게 자기밖에 모르냐?"라고 자녀에게 화를 낸다면, 부탁이 아니라 강요를 한 것이 되겠지요.

부탁할 때 혹시 우리 마음속에 다음과 같은 생각이 있다면 강요를 한 것입니다. 자, 살펴볼까요?

~해야 한다
자녀는 부모에게 복종해야 한다.
가족은 협력해야 한다.
엄마, 아빠가 부르면 대답해야 한다.
자기 방은 스스로 청소해야 한다.

~하는 것이 당연하다
학생이 공부하는 것은 당연하다.

부모의 자식 뒷바라지는 당연하다.

학생이 머리를 단정히 하는 것은 당연하다.

자식이 부모 말을 듣는 것은 당연하다.

~하는 것이 마땅하다

우리 애가 상을 받는 것이 마땅하다.

넌 벌을 받아 마땅하다.

넌 성적이 떨어져도 마땅해.

~할 권리가 있다

난 너한테 대접받을 권리가 있다.

난 인사받을 권리가 있다.

난 너를 야단칠 권리가 있다.

'해야 한다', '당연하다', '마땅하다', '권리가 있다'는 생각으로 가득 차서 아이에게 부탁했는데 아이가 거절하면, 부모는 아이를 비난하거나 비판하게 됩니다.

'자녀는 부모 말을 들어야만 한다'고 생각하는 부모가 "거실 걸레질을 도와줄래?"라고 말했을 때, 아이가 "저, 지금 바빠요. 그리고 전 걸레질은 하기 싫어요"라고 말한다면 부모는 화가 나겠지요? 해야만 하는 일을 자녀가 하지 않는다고 생각하기 때문이에요. 아이가 학교 수업이 끝나자마자 집에 돌아오는 것을 당연하게 생각하는 부모는 자녀의 귀가 시간이 늦어지면 늦어질수록 더 분노할 것입니다. 당연한 일인데 자녀가 하지 않으니까요. '나는 아이를 야단칠 권리가 있다'고 생각하는 부모는 자신의 행동에 당위성을 부여하면서 과도하게 아이를 야단칠 가능성이 큽니다.

　이렇게 '해야 한다', '당연하다', '마땅하다', '권리가 있다'라는 생각으로 부탁하는 것은 강요이지 부탁이 아닙니다. 상대가 내 부탁을 거절하면 불쾌해지거나 화가 나는 것은, 상대의 거절을 내 존재에 대한 거절로 생각해서입니다. 그러나 상대가 내 부탁을 거절한 것은 다른 욕구를 충족시키기 위해서임을 이해할 필요가 있습니다. 이처럼 상대의 또 다른 욕구를 받아들일 수 있을 때, 우리는 유대감을 잃지 않고 연결됩니다.

후배의 돈은 내 돈

희선이는 예고 2학년입니다. 작년에 학교에 입학하고 나서 당황스러운 일을 여러 번 겪었답니다. 선배들에게 인사를 하면 "야! 너, 돈 있니? 1,000원만 줘봐" 하고 아무렇지도 않게 돈을 뺏기 일쑤이고, "야, 2,000원만 꿔주라" 하고 빌린 돈을 절대로 갚는 법이 없더래요. 심지어는 돈도 안 주면서 "야, 1학년! 너, 매점 가서 과자랑 우유 좀 사 와라" 할 때까지 있어서, 희선이의 작년 용돈은 반 이상이 선배의 요구를 들어주는 데 사용됐다고 합니다.

이제 희선이는 2학년. 당한 것을 갚을 때가 되었다는 생각에 신입생이 들어오자 흐뭇해졌습니다. 드디어 기회가 왔어요. 주스를 하나 마시려고 매점에 갔는데, 어리숙해 보이는 1학년이 바로 앞에 있는 거예요.

희선   야, 1학년! 언니 돈 좀 주라.
후배   예?

희선 안 들려? 돈 좀 달라고! 1,000원만 줘.

후배 예? 여기 있어요.

다음 날, 희선이 엄마는 생활안전부장 선생님으로부터 전화를 받았습니다. 돈을 빼앗긴 아이 엄마가 학교를 찾아와서 항의를 했다지 뭐예요.

희선이는 학칙에 의해 사회봉사 명령을 받아 일주일간 사회복지 시설에서 봉사를 하고 1학년 전체 앞에서 공식적인 사과를 하라는 처분을 받았습니다. 희선이는 단지 자기네 학풍이 그런 줄 알고 작년에 받은 설움을 풀어보고 싶어서 처음 한 행동이었는데 억울합니다. 그리고 딱 한 번의 행동으로 1학년 전체 학생들 앞에서 공식 사과를 하라는 건 너무 가혹하다는 생각이 들어서 속상합니다.

희선이 얘기를 자세히 들은 엄마는 용기를 내어 교장선생님을 찾아가 부탁하기로 합니다.

선생님! 전화를 받고 너무 놀라서 뛰어왔습니다. 희선이에게 확인을 하니 실제로 한 행동이라고 하네요. 희선이가 후배에게 돈을 달라고 한 것은 처음이더라도 잘못된 행동이라고 판단이 됩니다. 학칙에 따라 사회봉사를 하는 것은 괜찮습니다. 그러나 1학년 전체 앞에서 혼자 공식 사과를 하라는 지시에 희선이가 너무 불안해합니다. 창피해서 어떻게 1학년 전체 앞에 서냐고요. 저는 희선이가 안정되고 즐거운 마음으로 학교에 다니기를 바랍니다. 본인도 놀라서 다시는 그런 짓을 하지 않을 것입니다. 충분히 반성하고 있으니, 공식 사과 대신에 개인적인 사과를 하도록 해주십시오.

교장선생님께서는 희선이 엄마의 부탁을 경청해주셨고, 희선이는 돈을 빼앗은 후배를 찾아가 진심으로 미안함을 전했다고 합니다. 그 후 희선이는 더욱 열심히 학교생활을 하다가 상급 학교에 진학했다고 합니다. 만약에 희선이 엄마가 학교에 찾아가 부탁을 하지 않았다면 어떻게 되었을까요? 1학년 전체 학생들 앞에서 사과한 후 수치심과 우울함으로 평생 마음고생을 심하게 하거나, 학교생활에 대한 의욕이 떨어져서 힘들었을지도 모릅니다.

희선이 엄마는 교장선생님을 찾아갔을 때 희선이를 변호하거나 학교의 결정을 비판하지 않고 비폭력대화를 잘 활용했네요. 관찰한 사실을 이야기했고, 느낌과 욕구에 초점을 맞추어 부탁했습니다.

여러 사례에서 보았듯이, 마셜 로젠버그의 말처럼 "부탁은 우리의 삶을 풍요롭게 합니다." 이제부터는 당신의 선택에 달렸습니다. 명료하게 부탁하시겠습니까?

명확한 부탁인가?

다음에서 명확한 행동을 부탁하는 문장을 골라보세요. 또, 그렇지 않은 문장은 명확한 부탁으로 바꾸어보세요.

1 "이번 주말엔 가족 여행을 가려는데, 네 생각은 어때?"

2 "학생의 본분에 맞게 머리를 단정히 해라."

3 "엄마가 외출했다가 8시쯤 들어올 텐데, 저녁 식사 챙겨 먹을 수 있겠니?"

4 "정직하게 말해라."

5 "경제관념을 가져봐."

6 "난 너한테 배려받고 싶어."

7 "방과 후 학교에서 수학 공부를 해보자는 엄마 제안에 대해 넌 어떻게 생각하는지 말해줄 수 있겠니?"

8 "철 좀 들어라."

9 "치마 길이를 2센티미터만 늘일 수 있겠니?"

10 "아빠를 존중해주겠니?"

11 "너도 엄마를 이해해줘."

12 "물 한 컵 떠다 줄 수 있어?"

13 "이제 좀 알아서 하겠니?"

14 "분리해둔 쓰레기 버려줄 수 있어?"

15 "나가서 두부 한 모만 사다 줄래?"

16 "아기처럼 굴지 마라."

17 "수저 놓는 것 도와줄래?"

18 "동생한테 함부로 하지 마."

19 "생일 선물 대신 축하금을 주실 수 있어요?"

20 "서로 사랑하세요."

1 "네 생각은 어때?"는 연결부탁이 되겠지요? 이렇게 물어
주시면 제 마음은 훨씬 편해요. 혹시 친구들과 선약이 있
어도 말을 할 수 있을 거 같아요. "어! 주말에 친구들과 약
속이 있는데요. 갑자기 여행 계획을 말하시니까 당황스러
워요"라고요. 엄마는 이렇게 말하실 거예요. "에구, 미안!
너무 갑자기 말했지? 그럼 어쩔까? 엄마와 아빠는 이번 주
가 좋은데." 그러면 저는 기분에 따라서 친구들과의 약속

을 연기할 수도 있겠죠. 아니면 엄마 부탁을 거절할 수도 있고요.

어떤 선택을 하든, 중요한 건 우리가 단절되지 않고 연결된다는 것입니다. 이렇게 부탁하시지 않고 "이번 주말에 가족 여행 갈 거니까 아무 약속 잡지 말고 가져갈 짐 챙겨라"라고 하신다면, 결과는 뻔하겠죠? 가족 행사는 늦어도 2주 전에 논의해주시기를 부탁해요!

2   No! "학생의 본분에 맞게" 같은 표현은 너무 애매해요. 명료하게 말해주시면 어떨까요? 이렇게 부탁해주시겠어요? "파마를 풀고 머리를 묶거나 단발로 자르면 어때?"

3   빙고! 이 말씀은 부탁이네요. 물론 거절해도 되는 거지요? 아마도 거절 안 하고 멋지게 해결할 수 있을 거 같네요.

4   No! "정직하게 말해라"라는 말에는 이미 제가 정직하지 않은 사람이라는 판단이 들어 있군요. 이렇게 부탁으로 바꾸어주시겠어요? "학교 끝나고 어딜 다녀왔는지 말해줄 수 있니?"

5 이 번호를 선택했다면 저랑은 의견이 달라요. "경제관념을 가져봐." 이 말 역시 '넌 경제관념이 없구나'라는 비난을 담고 있는 데다, 뜻하는 바가 너무 막연해요. 이렇게 부탁하시면 어떨까요? "네 용돈 한도 내에서 조절해서 돈을 쓰기를 바라는데, 어떻게 생각해?"

6 이게 무슨 뜻이죠? 어떤 배려를 원하시는지 저는 알 수가 없어요. "엄마가 배탈이 났는데 죽을 사다 줄 수 있겠니?"라고 부탁하시는 것이 좋겠어요.

7 빙고! 연결부탁을 하셨지요? 얼마든지 편안하게 제 생각을 말할 수가 있겠네요.

8 No! 친구들과 이야기를 나누어보면, 부모님에게 제일 듣기 싫은 말 중 하나가 "철 좀 들어라"랍니다. 이렇게 바꿔주시겠어요? "이번 여름방학엔 장애우 시설에서 봉사활동을 해볼래?"

9 빙고! 이것은 아주 구체적인 부탁이지요. "학생이 그게 뭐니?", "그게 교복이야?", "너, 학교 끝나면 어디 가는데 치

마를 그 모양으로 하고 다녀?" 이런 말들은 저희 가슴을 아프게 해요.

10 이건 부탁이 아니랍니다. 존중하는 방법은 여러 가지일 텐데, 어떤 것을 원하시는 건가요? 원하는 행동을 구체적으로 말해주신다면 훨씬 수월하겠는데요. 이렇게요. "아빠가 부르면 대답해줄래?"

11 이런 말을 들으면 난감해져요. 예를 들어 "엄마 주말에 친구들이랑 여행 다녀올 건데 이해해줄 수 있어?" 이렇게 말하시면 잘 들려요.

12 명확한 부탁이에요!

13 무엇을 알아서 하란 말일까요? 명료하게 말해주실래요?

14 부탁으로 들려요. 그런데 지금 말고 30분 후 해도 되지요?

15 부탁하셨네요. 좀 귀찮기는 하지만 맛있는 된장찌개를 먹기 위해서 다녀오겠습니다!

16 무슨 말을 하시는 건지요? "아이 참, 학교는 누가 만들어 놓은 거야?"라고 말한 것 때문인가요? 구체적으로 표현해 주세요.

17 빙고! 명료하게 부탁하셨습니다.

18 제가 언제요? 무엇을 했나요? 그 녀석 흘겨본 걸 말하세요? "멍청아!"라고 말한 것 때문인가요? "동생 방에 들어 갈 땐 노크를 해줄래?"라고 말하신다면 부탁으로 들릴 거 예요.

19 어떠세요? 주실 거지요? 명확한 부탁입니다!

20 저는 이런 말이 너무 싫어요. 차라리 "웃으면서 인사할까요?"가 더 구체적일 거 같은데 어떠세요?

PART 03

기린 엄마와
춤추는 아기 기린

듣기 힘든 말을 들었을 때
네 가지 선택

부모가 죽어도 저렇게 울어주려나?

엄마 〈 누구세요?

민서 〈 나지, 누군 누구야?

엄마 〈 왜 오자마자 짜증이야? 뭔 일 있었어?

민서 〈 아니야. 그냥 사는 게 지겨워서.

엄마 〈 어린 게 못 하는 소리가 없네. 얼른 씻기나 해. 도넛 만들
        어놨어.

요즘 민서는 신경질이 부쩍 늘었다. 고 3이라서 스트레스가

185

많겠지만 식구들에게 어찌나 모질게 해대는지…. 특히 남편은 딸에게 서운해서 어쩔 줄을 모르고, 민혁이는 누나가 무서워서 말도 붙이지 않는다. 민서의 비아냥거림을 참느라고 애쓰다가 민우는 가끔 나에게 폭발을 하고….

옷을 갈아입으러 방으로 들어간 민서가 무슨 일인지 잔뜩 성이 나서 소리를 지른다.

민서 : 엄마! 내 방, 누가 들어왔었어?

엄마 : 왜? 아까 민우가 오늘 학원에서 레벨 테스트 본다고 컴싸(컴퓨터용 사인펜) 찾던데?

민서 : 이 새끼를 그냥….

엄마 : 또, 동생보고 '새끼'란다. 엄마가 민우한테 욕하지 말라고 했지? 엄마도 욕 안 하고 키우는데, 누나가 그게 뭐야? 무슨 일인데?

민서 : 이것 좀 봐! BTS 슈가 오빠 사인에 덧칠해놨잖아. 엄마, 이거 안 보여? 나쁜 새끼! 들어오기만 해봐라.

엄마 : 민우가 그랬는지 어떻게 알아? 그리고 잘 보이지도 않네, 뭐.

민서 : 엄마가 늘 그런 식으로 감싸고도니까 애가 그 모양이지.

엄마 : 야! 그거, 엄마 기분 나쁘다. 그만하지.

하필이면 이때 민우가 들어온다. 민우의 등장은 늘 그렇듯이 시끄럽다.

민우 ː 막내 아드님 들어오셨습니다. 엄마! 어디 계셈? 나 오늘 레벨 테스트 댑따 잘 본 거 같은데에…. 두 단계 넘어가면 우리 어무니 기절하실까 봐 겁나네. 엄마! 어디 있냐니까? 민우 왔거든요?

민서 ː 야, 시끄러! 니 레벨에서 통과 못 하면 병신이지, 그것도 자랑이라고 떠들대? 멍청한 새끼야, 구라 치지 말고 얼른 누나 방으로 들어와.

민우 ː 교양 없는 우리 누나! 이제 예의 좀 차리시지…. 나도 이젠 중학생이거든! 왔다, 왜?

민서 ː 이거 네 짓이지? 슈가 오빠 사인 위에 컴싸로 덧칠한 거!

민우 ː 응, 내가 그랬다, 왜? 사인펜이 잘 나오나 시험해본 거지, 뭐.

민서 ː 야, 이 새끼야! 너, 그걸 말이라고 해? 누가 돌대가리 아니랄까 봐. 엄마! 이거 봐. 얘가 그랬다잖아. 병신 새끼! 졸라 짜증 나! 책임져, 책임지라고.

민우 ː 내 참, 저기 저 BTS 사진 7명 얼굴마다 내 사인 해놓을 걸 그랬네. 고 3이면 수능 공부나 열심히 하시죵!

민서 ː 너, 내가 이거 얼마나 아끼는지 몰라? 이건 파는 것도 아니고, 내가 아미로 활동 몇 년을 해서 겨우 받은 건데, 이제 어떡해? 한동안 콘서트도 안 하고 방송도 안 한단 말이야. 엄마! 엄마도 책임져. 도대체 애 간수도 안 하고 뭐 하는 거야? 내 방에 민우 못 들어오게 하라고 했잖아. 엄마가 해준 게 뭐가 있어?

엄마 〈 너 그만하지 못해? 점점…. 못 하는 소리가 없어. 제 발로 돌아다니는 애를 내가 허구한 날 따라다니니? 화가 난다고 아무 말이나 막 할래? 그리고 동생한테 욕하는 거 엄마 정말 싫어. 너, 내 앞에서 민우한테 욕하지 마. 알았어? 그리고 민우! 앞으로 누나 물건에 손대지 마. 얼른 와서 누나한테 사과하고.

민서는 이제 목 놓아 엉엉 운다. "오빠! 미안해! 내가 지켜주지도 못하고." BTS의 슈가 사진을 껴안고 울고 있다. 기가 막혀서 원, 뭘 지켜준다는 거야, 대체? 슈가가 죽은 것도 아니고, 어미 아비가 죽은들 우리 딸이 저렇게 구슬프게 울어주려나.

민서는 저녁도 거르고 눈이 퉁퉁 붓도록 서너 시간을 울고 있고, 민우는 누나가 사과를 받아주지 않는다며 민서 방 근처를 어슬렁거리며 눈치만 보고, 민혁이는 재미있는지 히죽히죽 웃고 있다.

본인이 가고 싶은 대학을 목표를 정한 것은 좋은데 민서는 공부 스트레스를 오로지 BTS에 대한 열정으로 풀고 있고, 예민하고 감정적인 것이 마치 성난 고양이 같다. 조그만 일에도 헤헤 웃었다가, 별일 아닌 것에도 불같이 화를 내고…. 거기다가 동생한테는 어쩌면 그렇게 온갖 욕을 다 해대는지, 동생들은 온전히 동네북 노릇을 하고 있다. 아무리 화가 나도 그렇지 "엄마가 늘 그런식으로 감싸고도니까 애가 그 모양이지"와 "엄마가 해준 게 뭐가 있어?"라고 말한 것은 지금 생각해도 아주 불쾌하다.

나는 기분이 이렇게 나쁜데, 저 녀석은 내일이면 언제 그랬냐는 듯이 학교에서 있었던 일을 가지고 깔깔대며 수다를 떨 거다. 오늘 소리 지르며 화내던 딸도, 내일 웃으며 수다 떨 딸도 모두 내 딸이니, 나는 더 큰마음으로 사랑해야 할 것이다. 나도 저 나이 때 저렇게 감정적이었나? 오늘은 친정어머니께 전화를 걸어 여쭤봐야겠다. "넌 더했다." 이런 대답을 듣진 않을까?

 아이의 일기

나쁜 새끼, 내 동생!

엄마는 무슨 생각으로 셋째 아이까지 낳았는지 모르겠다. 난 정말 저 새끼 때문에 명이 줄어드는 것 같다. 가뜩이나 요즘 입시 준비 때문에 힘들어 죽겠는데, 공부도 못하는 데다 아무 생각까지 없는

내 동생. 당해보지 않은 사람은 모른다. 얼마나 속이 터지게 구는지 말이다.

저 자식은 툭하면 내 방에 들어와서 이것저것 집어 간다. 특히 내가 새로 사놓은 펜이나 샤프는 귀신같이 알고 쓰는 데다, 망가뜨리거나 잃어버리기 일쑤다. 멍청한 새끼, 저놈은 도대체 뭘 해먹고 살려고 저러는지…. 게다가 오늘처럼 말도 안 되는 장난을 가끔 친다. 지난번에는 콘서트 때 슈가 오빠 주려고 손수 만들어놓은 초콜릿을 꺼내 먹어서 엄청 싸웠는데 오늘 또 이런 일이 발생했다.

엄마는 저 자식이 태어날 때부터 아파서 인큐베이터에 들어갔던 걸 이유로 빽하면 약한 애라고, 이만큼 큰 게 고맙다며 저놈 편만 든다. 거기다가 학교를 일곱 살에 들어가서 치인다나, 어쩐다나…. 저 자식 일곱 살에 학교 입학시켜서 난 정말 엄마보다 고생을 많이 했다. 1학년 때는 매일 아침에 놈 교실까지 내가 데려다줬다. 그때는 귀엽기라도 했지. 지금은 여드름투성이에, 냄새는 얼마나 많이 나는지, 더러운 놈. 그런 놈이 슈가 오빠 사인에 덧칠을 해놓다니 도저히 용서할 수가 없다. 아무리 생각해도 진정이 안 된다. 내일 엄마 없는 시간에 반쯤 죽여놔야겠다.

NVC 생각

상황을 받아들이는 네 가지 태도

비폭력대화에서 두 번째 요소인 느낌은 어떤 상황에서 나의 기대나 필요에 따라 달라지기도 하지만, 그 상황을 받아들이는 태도에 따라서 달라질 수도 있습니다. 살아가면서 듣기 힘든 말을 들었을 때는 다음의 네 가지 반응 중에서 하나를 선택할 수 있는데, 듣는 태도에 따라 자칼 귀 안(자칼 in), 자칼 귀 밖(자칼 out), 기린 귀 안(기린 in), 기린 귀 밖(기린 out)이라고 표현할 수 있어요. 함께 살펴볼까요?

🗨️ 자칼 귀 안(자칼 in): 자신을 탓하기

민서에게 "엄마가 늘 그런 식으로 감싸고도니까 애가 그 모양이지"라는 말을 들었을 때를 예로 들어볼게요. 이때 엄마를 비난하는 말로 받아들여서 '그래, 내가 항상 막내를 감싸고돌지. 그래서 민우가 버릇이 없어. 딸한테 저런 비난이나 듣고, 나도 참 한심하다 한심해'라고 자신을 탓한다면, 자칼 귀 안으로 듣는 것이에요.

🗨️ 자칼 귀 밖(자칼 out): 상대를 탓하기

"엄마가 늘 그런 식으로 감싸고도니까 애가 그 모양이지"라는 말에 엄마가 "감싸고돌긴 뭘 감싸고돌아? 네가 나중에 애 낳아서 키워보고 말해. 넌 어쩌면 그렇게 정떨어지는 말만 골라서 하니? 밉살스럽게 구는 것 좀 봐. 정말 너는 너 같은 딸 낳아서 엄마만큼 속상해봐야 엄마가 고마울 거다"라면서 민서를 탓한다면, 자칼 귀 밖으로 듣는 것입니다.

🗨️ 기린 귀 안(기린 in): 자신의 느낌과 욕구 알아차리기

"엄마가 늘 그런 식으로 감싸고도니까 애가 그 모양이지"라는 말을 들었을 때 내 느낌이 어떤지, 그 느낌 뒤에 있는 욕구가 무엇인지를 인식하면 이렇게 말할 수 있어요.

관찰	"엄마가 늘 그런 식으로 감싸고도니까 애가 그 모양이지"라는 말을 들으니
느낌	서운하고 불쾌해.
욕구	나는 아이들 셋을 공평하게 대하려고 노력해왔고, 자녀교육에 최선을 다하고 있다는 것을 이해받고 싶어.
부탁	(아이에게 연결부탁을 하고 싶어진다.) 넌 엄마 말을 들으면서 어떤 마음이 들어?

🎈 기린 귀 밖(기린 out): 상대의 느낌과 욕구 알아차리기

"엄마가 늘 그런 식으로 감싸고도니까 애가 그 모양이지"라고 했을 때 민서의 관찰로부터 시작해서 민서의 느낌이 어땠는지, 그 느낌 뒤의 욕구는 무엇인지, 어떤 부탁을 하고 싶은지 연결할 수 있다면 이렇게 말할 수 있겠지요.

관찰 네가 "엄마가 늘 그런 식으로 감싸고도니까 애가 그 모양이지"라고 말하는 것을 보니

느낌 엄마한테 섭섭한 게 있나 봐. 불만스러워?

욕구 엄마가 민우에게 좀 더 엄격하게 대해서 네 사생활이 보호받을 수 있기를 원해?

부탁 엄마한테 동생이 네 방에 들어가지 못하게 하라고 부탁하고 싶은 거야?

민서가 한 말 중에서 "엄마가 해준 게 뭐가 있어?"도 엄마는 듣기 힘든 말이었다고 했는데, 그 말을 보기로 삼아 네 가지 태도를 다시 연습해볼까요?

💬💬 자칼 귀 안(자칼 in): 자신을 탓하기

"엄마가 해준 게 뭐가 있어?"라고 했을 때 "맞아, 내가 해준 것이 뭐가 있어. 늘 부족하고 모자랐지. 난 그런 말 들어도 마땅해. 나같이 능력 없는 사람은 애를 낳지 말았어야 해"라며 자녀의 비난을 그대로 받아들여서 자신을 탓하는 것입니다. 죄책감으로 괴로워하거나 우울해지기 쉽습니다.

💬💬 자칼 귀 밖(자칼 out): 상대를 탓하기

"엄마가 해준 게 뭐가 있어?"라고 했을 때 "이 정도 해줬으면 됐지, 안 해준 게 뭐가 있어? 응? 넌 뭘 했는데? 너 낳아주고 길러줬다. 입혀주고 먹여주고 가르치고⋯. 뭘 더 바라는데? 고생 안 시키고 등 따뜻하게 해주니까 아주 정말 못 하는 소리가 없네. 너한테는 이것도 과분한 줄 알아. 못된 것 같으니라고!"라며 상대를 공격하고 나무라는 것입니다.

💬💬 기린 귀 안(기린 in): 자신의 느낌과 욕구 알아차리기

"엄마가 해준 게 뭐가 있어?"라는 말을 들었을 때 내 느낌이 어떤지, 그 느낌 뒤에 있는 욕구가 무엇인지를 인식하면 다음과 같이 말할 수 있습니다.

관찰 "엄마가 해준 게 뭐가 있어?"라는 말을 들으니

느낌 맥이 빠지고 서운해. 참담하기도 하고.

욕구 엄마가 너희들을 정성껏 키웠다는 것을 너도 알아주면 좋겠어. 그리고 아쉬움이 있을 때, 서로 상처를 주지 않으면서 너랑 소통을 잘하고 싶어.

부탁 넌 엄마 말이 어떻게 들려? 우리 다시 대화할까?

🎈🎈 기린 귀 밖(기린 out): 상대의 느낌과 욕구 알아차리기

"엄마가 해준 게 뭐가 있어?"라고 했을 때 아이의 느낌이 어땠는지, 그 느낌 뒤의 욕구는 무엇인지를 인식하면 다음처럼 말할 수 있어요.

관찰 엄마는 네가 "엄마가 해준 게 뭐가 있어?"라고 말하는 것을 두 번째 들어.

느낌 서운하고 속상한 게 있어?

욕구   엄마가 네 마음을 이해하고 원하는 것을 들어줬으면 좋겠어?

 부탁   구체적으로 말해줄 수 있니?

　힘든 말을 들었을 때 '자칼 귀 밖'을 선택하면 상대를 탓하는 마음이 낳은 분노를 통해 힘을 행사하거나 대항합니다. 또한 '자칼 귀 안'을 선택하면 자신을 탓하면서 우울감과 죄책감, 수치심을 느끼고 자존감이 낮아지는 경우가 많습니다. 자칼로 표현할 때 우리는 서로 단절되고 기린의 귀를 선택할 수 있는 힘을 잃어버립니다.

　그러나 힘든 말을 들었을 때 반응은 내가 선택하는 것임을 기억한다면, '기린 귀 안'을 선택해서 나의 느낌을 욕구와 연결하면서 자기 공감을 하고, '기린 귀 밖'을 선택해 상대의 느낌과 욕구에 머물면서 상대를 공감할 수도 있습니다. 기린으로 표현할 때 우리는 선택의 힘을 가질 수 있고, 연결되며, 소통 가능하고, 유대감을 형성할 수 있습니다.

　청소년들에게 "부모님이 하시는 말 중 가장 듣기 힘든 말이 무엇이냐?"고 물었을 때 가장 많이 나온 대답은 이러했습니다.

"생각이 있니, 없니?"

"네가 고등학생 맞아?"

"그래서야 어디, 대학 가겠니?"

"중학생인데 그것도 못 하냐?"

"너, 바보냐?"

"왜 그 모양이니?"

"왜 사니? 나가 죽어버려."

"○○이 좀 봐라."

앞의 말들은 누가 들어도 사람과 사람 사이에 단절감을 느끼게 합니다. 상대의 기분이나 상황은 안중에도 없이 하는 말들이네요. 이런 말들을 자녀에게 거침없이 하는 부모의 마음은 어떤지 깊이 들여다봐야 합니다. 혹시 부모들은 자녀를 비판하면서 본인들의 충족되지 않은 욕구를 왜곡해서 표현하는 것은 아닐까요?

자녀에 대한 비난이나 비판이 울컥 올라오면 우리는 잠깐 멈추어서 내가 진정으로 원하는 것을 생각해보고, 필요한 것을 표현할 수 있어야 합니다. 나와 공감하고 상대와 공감하면서 연민의 끈으로 이어질 때 우리는 비로소 연결되면서 서로의 욕구를 충족시키는 방법을 찾는 지혜를 발휘한다는 것을 기억해주세요.

재혼한 지후 엄마의 고통

지후 엄마는 재혼한 지 5년이 되었답니다. 전남편과의 사이에 딸과 아들을 낳았지만, 경제적 능력이 없어서 아이 둘을 다 두고 나왔습니다. 전남편은 재혼을 했고, 지후 엄마도 중 2 아들과 초등학교 5학년 딸이 있는 지금의 남편과 재혼했습니다. 그 후 막내딸을 낳았고, 현재 막내가 다섯 살이니 아들은 스무 살이 되었고 큰딸은 고등학교 1학년이 되었어요.

재혼을 했을 때 한창 사춘기로 몸살을 앓던 아들 지후는 친구들과 싸움질을 하고 말썽을 피워 경찰서에 가서 여러 번 데리고 나온 경험이 있대요. 그나마 더 비뚤어지지 않고 자라주어 고맙게 생각한답니다.

5년 동안 정성을 다해 남편과 전처 사이에서 출생한 자녀들을 키웠고, 처음에는 아줌마라고 부르며 정을 주지 않던 아이들도 이젠 엄마라고 부르며 잘 따릅니다. 주변에서 지후네는 성공한 재혼 가정으로 부러움을 사고 있답니다.

그러나 스무 살이 된 아들과는 가끔 갈등을 일으킨대요. 지후 엄마는 이혼하면서 떼어놓고 나온 아이 둘이 늘 그리운 데다 남이 낳은 아이들을 키우면서 죄책감은 더 커지고 속도 상해서, 문득문득 설움과 분노가 크게 올라옵니다. 아이들이 속을 썩일 때는 자제가 잘 안 됩니다. 본인 상처도 크고 아이들과의 의사소통도 힘들기에 아이들과 소통할 수 있는 대화법이 절실히 필요해서 비폭력대화 프로그램에 참가했답니다.

수업 중에 지후 엄마는 며칠 전에 했던 아들과의 대화를 공개했습니다.

지후   집 나갈 거예요.

엄마   …. (그동안의 노력이 물거품이 되는 것 같다. 새엄마 밑에서 자라서 집 나갔다는 소리를 듣고 싶지 않아서 엄포를 놓기로 한다.) 그래, 집 나가려고? 야! 네가 집 나가는 거, 내가 무서워할 줄 알아? 난 너보다 더 어린아이도 놓고 나온 년이야. 네까짓 게 나가는 거 하나도 안 무서워! 너 나가면 이 방 다시 다 고쳐서 막내 방 만들어줄 거야. 아주 잘됐네.

지후   그래요, 마치 기다리신 분 같네요. 제가 나가지요. (지후는 그날 집을 나가서 3일을 밖에서 지내다가 들어왔다.)

정성을 다해 길러서 이제 안정이 됐다고 생각하던 차에 아들에게서 들은 "집 나갈 거예요"는 최근에 들은 말 중에서 지후 엄마에게 가장 듣기 힘든 말이었답니다. 안 그래도 두고 온 아이들에 대해 '자칼 in'으로 죄책감을 느끼는 데다, 지금 키우는 아이들이 속을 썩일 때면 사랑을 받으면서도 마음을 몰라주는 현재 아이들에 대한 분노가 올라와 '자칼 out'이 자주 된다고 하네요.

지후 엄마는 힘든 말을 들었을 때 선택할 수 있는 네 가지 태도를 배운 후, 아들과 나눴던 대화에서 왜 소통이 어려웠는지를 알았습니다. 지후 엄마는 아들이 집을 나간다는 소리에 진심으로 걱정되고 불안함을 느낍니다. 그동안 힘든 갈등을 다 이겨내면서 정도 들고 남들 같은 모자지간이 되었다고 생각했는데 집을 나간다니, 허탈하고 기가 막힌다고 했습니다. 아들을 사랑하며 잘 살아가고 싶고, 아들이 온전히 집에 정을 붙이고 안정적으로 지내기를 바랍니다. 정말 집을 나갈까 봐 두렵기도 하고요.

그러나 지후 엄마가 선택한 것은 자칼이었지요. 걱정되고 불안하고 두려운 느낌을 하나도 표현하지 못했어요. 앞으로도 한집에서 단란하고 행복하게 살고 싶은 욕구도 표현이 안 되었고요. 본인의 마음은 전혀 전달하지 못하고, 아들이 나가지 않게 하려고 한 말들이 모두 자칼의 협박이었습니다. 자칼로 이야기하면 상대는 오해하기 쉽습니다. 마치 "스무 살이 되었으니 이제 집을 나가라. 내가 낳은 다섯 살 막내 방을 만들어줄 수 있으니 잘됐다"라는 말로 아들은 오해하고 상처받을 수 있습니다.

지후 엄마는 수업 시간에 기린의 귀로 아들의 이야기를 듣는 연습을 하고 나서 그날 밤 다시 그 문제로 아들과 이야기를 나누었다고 합니다.

관찰 지후야, 네가 집을 나간다는 말을 들었을 때

느낌 가슴이 무너지는 것 같았어. 불안하고 허탈하더라.

욕구 엄마는 너를 더욱 사랑하면서 이 집에서 행복하게 함께 살고 싶어.

부탁 넌 어떻게 생각해?

이미 엄마보다 몸집이 커버린 지후는 엄마에게 안기며 걱정을 끼쳐서 죄송하다는 말과 함께 자기도 가족과 행복하게 살기를 원한다고 하더랍니다. 엄마와 아들이 원하는 바가 같으니 더욱 친밀하게 지낼 수 있을 거예요.

이처럼 기린으로 이야기할 때 우리는 유대감을 잃지 않으면서 내가 진정으로 느끼고 원하는 것을 전달할 수 있습니다. 그것이 소통이고 연결이지요. 그러나 자칼은 어떤가요? 내가 느끼는

것도, 원하는 것도 전달하지 못한 채로 또 다른 상처만을 줄 뿐이에요.

힘든 말을 들었을 때, 그 순간의 나의 선택에 따라 우리는 행복해질 수도, 불행해질 수도 있답니다. 혹시 힘든 순간에 기린을 선택하지 못했다면 지나고 나서라도 그 선택에 대해 애도하고, 기린의 의미와 기린 말의 네 단계를 기억해 선택의 힘을 보여주세요.

네 가지 태도 추측하기

다음 상황에서 네 가지 태도를 추측해 적어보세요.

1 아이가 "제 일은 제가 알아서 해요. 엄마 일이나 신경 쓰세요"라고 말하는 걸 들으면,

① 자칼 귀 안(자칼 in)

_____

_____

② 자칼 귀 밖(자칼 out)

_____

_____

③ 기린 귀 안(기린 in)

_____

_____

④ 기린 귀 밖(기린 out)

_____

_____

2 내가 최근에 아이에게 들은 말 중에서 가장 듣기 힘들었던 말은?

아이의 말
_____
_____

① 자칼 귀 안(자칼 in)
_____
_____

② 자칼 귀 밖(자칼 out)
_____
_____

③ 기린 귀 안(기린 in)
_____
_____

④ 기린 귀 밖(기린 out)
_____
_____

1   제 일은 제가 알아서 해요. 엄마 일이나 신경 쓰세요.

① 자칼 귀 안(자칼 in)

그래, 저 아이가 나보다 낫지. 내 일도 제대로 못 해서 딸에게 저런 말이나 듣고…. 나는 부족한 사람이 맞아. 내가 뭐 집안일을 잘하나, 밖에서 돈을 잘 버나….

민서 〈   만일 엄마가 이렇게 '자칼 in'으로 푸념하신다면 저는 귀를 막고 싶을 거예요. 엄마가 한탄하듯이 하는 말은 정말 듣기 싫거든요.

② 자칼 귀 밖(자칼 out)

알아서 하긴, 뭘 알아서 해? 네가 알아서 한 게 뭐가 있다고 그렇게 큰소리야! 뭐, 엄마 일에나 신경 쓰라고? 이 계집애가 정말 못 하는 말이 없네. 네가 지금 엄마랑 한판 하자는 거야?

민서 〈   이렇게 말하시면 진짜 한판 하게 될지도 모르지요. 저도 엄마

만큼 신경이 곤두서 있거든요. '자칼 out'은 상대도 더 화가
나게 부채질을 하는 거 같아요.

③ 기린 귀 안(기린 in)

"제 일은 제가 알아서 해요. 엄마 일이나 신경 쓰세요"라는 말을 들
으니 엄마는 서운해. 엄마는 너와 친밀하게 소통하는 것이 중요하고
우리 둘이 재미있게 지내고 싶은데 넌 어때?

민서 ː 엄마가 '기린 in'으로 말하시면 저 역시 엄마의 느낌과 욕구
에 귀 기울이게 되겠지요? '내가 이렇게 이야기할 때 우리 엄
마가 서운하시구나. 엄마는 나와 소통하고 싶고 친밀하게 지
내는 게 중요하시구나'를 알게 되겠지요!

④ 기린 귀 밖(기린 out)

"제 일은 제가 알아서 해요. 엄마 일이나 신경 쓰세요"라고 말하는
것을 보니 많이 속상한가 봐. 엄마가 너를 믿고 기다려주면 좋겠어?

민서 ː 제가 사납게 말했는데도 엄마가 '기린 out'으로 들어주시면
엄마의 사랑이 느껴져요. 속상한 제 마음을 읽어주실 때, 제
가 원하는 욕구가 무엇인지 알아주실 때, 저는 비로소 편안해

지고 제 마음 안의 순한 아기 기린을 찾게 된답니다.

2 내가 최근에 아이에게 들은 말 중에서 가장 듣기 힘들었던
말은?

민서 ╡ 앞의 예를 참고로 해서 자신의 실제 사례로 네 가지 태도를
연습해보세요.

① 자칼 귀 안(자칼 in)

_____

_____

② 자칼 귀 밖(자칼 out)

_____

_____

③ 기린 귀 안(기린 in)

_____

_____

④ 기린 귀 밖(기린 out)

_____

_____

02

공감하기

엄마, 난 대학 못 갈 거 같아!

민혁이의 중간시험 기간이다. 고등학교 시험 기간은 왜 그리 긴
지, 하루에 한 과목이나 두 과목을 치르면서 일주일이 걸린다. 내
생각엔 그 정도는 벼락치기를 해도 좋은 점수가 나올 것 같은데,
아이는 그리 열심히 하지도 않고 그렇다고 무시하고 놀지도 못한
다. 시험 보는 아이나 그것을 지켜보는 엄마나 피로해지는 건 마
찬가지다. 민혁이가 좋아하는 배를 깎아서 방으로 들어가니 아이
가 멍하니 창밖을 쳐다보고 있다.

엄마 : 뭐 해? 쉬는 거야?

민혁 : 아뇨…. 그냥 답답해서.

엄마 : 답답해?

민혁 : 예, 대한민국에서 고등학생으로 산다는 게 정말로 답답해요.

엄마 : 많이 힘든가 보구나?

민혁 : 응, 힘들어요. 엄마, 난 아무래도 대학을 못 갈 거 같아. 공부가 하나도 재미없어요.

엄마 : 어쩌나…. 그런 생각까지 드는구나. 어디, 엄마가 우리 큰아들 좀 안아볼까?

이럴 땐 어떤 말을 해야 할까? 훌쩍 자라서 나보다 20센티미터는 더 커버린 아들을 안으니 새삼스레 콩닥콩닥 뛰는 아이의 심장 소리가 느껴진다. "답답해요, 그리고 불안해요"라고 외치는 것만 같다. 그렇게 아이의 심장 소리를 들으면서 말했다.

엄마 : 그래서 맥 빠지고 불안해?

민혁 : 예, 뭔가 재미있는 과목이 하나라도 있었으면 좋겠어요.

엄마 : 많이 걱정되고 초조하구나.

민혁 : 너무너무 많이요.

엄마 : 공부에 재미를 느끼고 성적이 안정되게 나왔으면 좋겠

구나?

민혁 ː 예, 맞아요.

아이의 어깨가 축 처진다. 아빠, 엄마한테 수없이 대들며 자기주장을 하던 모습은 어디로 가고, 마치 배 속의 아이처럼 양순해져서는 가만히 품속으로 파고든다. 그렇게 한동안 안겨 있더니 가슴이 조금 시원해졌나 보다.

민혁 ː 엄마! 나가서 일 보세요. 배 먹고 공부할래요.

엄마 ː 알았어. 엄마 나갈게. 필요한 거 있으면 부탁해.

뭔가 아이에게 공감하는 말을 해주고 싶은데 아무것도 떠오르지는 않고 나까지 막막하고 답답해져서 일단 아이를 안은 것인데, 아이의 심장 소리가 느껴지고 아이의 음성이 들렸다. '지금 이 아이의 느낌과 욕구가 뭘까?' 아이와 일치하는 순간, 내 가슴에서도 눈물이 흐르고 있었다. 비폭력대화를 하고 달라진 것이 있다면, 예전처럼 소통에 방해되는 말을 아이한테 퍼부어대지 않는다는 거다. 어떻게 공감을 해야 할지 잘 모르겠으면 그냥 아이와 함께 머무른다. 그러다 보면 아이의 느낌과 욕구에 자연스럽게 귀 기울이게 된다.

나도 공부를 잘하고 싶다

공부를 왜 해야 하는지도 알고 공부의 중요성도 알지만 잘되지 않는다. 집중을 해도 짧은 시간만 가능해서 효율성이 떨어진다. 재미있는 과목이 하나라도 있었으면 좋겠다. 그렇다고 막 놀 수 있는 것도 아니다. 심리적 부담감 때문에 놀지도 못하고, 공부를 해보려고 하지만 금세 딴생각에 빠지고 만다.

보는 사람도 힘들겠지만 가장 힘든 것은 나 자신이다. 아무것도 못 하는 나를 보면 무력감은 점점 더 강해진다. 엄마가 예전처럼 "또 멍때리고 앉아 있다!" 혹은 "도대체 언제 철들어 공부하겠냐?"라고 나를 평가하고 비난했다면 한바탕 전쟁을 치렀을 것이다. 하지만 엄마는 내가 공부를 하지 않는다고 혼내지 않으시고 그냥 힘 빠진 나를 안아주셨다. 그러고는 오히려 나의 느낌을 알아주고 이해해주셨다.

엄마에게 안겨서 마음이 풀렸다. 엄마가 고맙고 다시 공부에 집중하고 싶은 마음이 생겼다. 오늘은 왠지 엄마와 마음이 잘 통하는 거 같다.

NVC 생각

공감은 그냥 그곳에 함께 있는 것

비폭력대화에서 '공감'은 다른 사람이 무엇을 관찰하고 어떻게 느끼고 무엇을 필요로 하고 부탁하는지에 귀 기울이는 것입니다. 이때 우리는 마음을 비우고 우리의 온 존재로 들어야 합니다. 아무것도 계획하거나 의도하지 않고, 어떤 선입관이나 판단도 떨쳐버려야 공감은 가능해지지요. 공감이란 무언가를 하려고 하지 않고 그냥 그곳에 그 사람과 함께 있는 것입니다.

다른 사람과는 공감을 잘하면서 내 아이와는 공감하기 어려운 것은 내가 우리 아이를 너무 잘 안다고 여겨서입니다. 아이를 키우면서 우리가 단단하게 쌓아온 선입견이 아이와 공감할 수 없게 만들기도 하고요.

민혁이 엄마는 아이의 말을 평가하거나 반박하지 않았지요? 민혁이의 생각을 고치려거나 동조하지도 않았어요. 그냥 아이와 함께 있었습니다. '그냥 그곳에 함께 있는 것'이 바로 공감입니다.

●● 공감을 방해하는 10가지

민혁이가 "엄마, 난 아무래도 대학을 못 갈 거 같아. 공부가 하나도 재미없어요"라고 했을 때, 엄마가 다음의 10가지 형태로 대화했다면 어땠을까요? 우리는 공감이라고 우기면서 실은 공감을 가로막는 말을 할 때가 많습니다. 다음은 엄마가 공감을 가로막는 말을 했을 때, 민혁이의 예상되는 반응입니다.

① 충고·조언·교육하기

민혁 ː 엄마, 난 아무래도 대학을 못 갈 거 같아. 공부가 하나도 재미없어요.

엄마 ː 고등학교 다니면서 한 번쯤은 그런 생각을 하지. 좀 지나면 괜찮아. 아니면 학원을 바꿔볼까?

민혁 ː 됐거든요. 지나면 뭐가 괜찮아지는데요? 학원을 바꾼다고 나아질 거 같으세요?

② 분석·진단·설명하기

민혁 ː 엄마, 난 아무래도 대학을 못 갈 거 같아. 공부가 하나도 재미없어요.

엄마 ː 아무래도 네가 학습무기력에 빠진 거 같다. 네가 요즘 힘들어서 그런 생각이 드는 거야.

민혁 ː 약간 피곤하긴 하지만 많이 힘든 건 아니에요. 신경 쓰지 마세요. 몇몇 과목들은 공부하기도 하니까 학습무기력증은 아닌 것 같은데요.

③ 바로잡기

민혁 〈 엄마, 난 아무래도 대학을 못 갈 거 같아. 공부가 하나도 재미없어요.

엄마 〈 무슨 소리, 네가 얼마나 똑똑한데…. (또는) 재미없을 리가 없어. 넌 어릴 때부터 공부를 좋아하는 애야.

민혁 〈 똑똑한 건 이제 별 도움이 안 된다는 거, 엄마도 알잖아요? 제 기억으로는 공부를 좋아했던 적은 한 번도 없어요. 저를 조종하려고 하지 마세요!

④ 위로하기

민혁 〈 엄마, 난 아무래도 대학을 못 갈 거 같아. 공부가 하나도 재미없어요.

엄마 〈 오죽하면 그런 생각이 들겠니? 너무 힘들겠다. (또는) 이게 다 우리나라 교육 정책이 잘못돼서 그런 거야.

민혁 〈 다른 나라로 유학이라도 갈까요? 유학 가는 것도 너무 늦은 것 같고, 이번 생은 망했어!

⑤ 내 얘기 들려주기·맞장구치기

민혁 〈 엄마, 난 아무래도 대학을 못 갈 거 같아. 공부가 하나도 재미없어요.

엄마 〈 어머, 어쩌면 너는 엄마랑 똑같니? 나도 딱 그맘때 그런 생각이 들어서 외할머니 괴롭혔지. (또는) 나도 집안일이 하나도 재미없어. 식구들 다 두고 산속에 들어가서 안 나오고 싶다.

민혁⋜ 아무래도 내가 엄마를 닮은 거군요. 그러니까 엄마, 제발 저한테 뭐라 하지 마세요. 그리고 아무리 그러셔도 산속으로 들어가고 싶다는 말을 하시면 어떡해요. 혹시 그런 생각이 들더라도 남에게 말은 하지 말아야죠. 가족에게 상처가 되지 않을까요? 엄마가 애도 아니고, 나 참….

⑥ 전환시키기

민혁⋜ 엄마, 난 아무래도 대학을 못 갈 거 같아. 공부가 하나도 재미없어요.

엄마⋜ 너만 그런 거 아니야! 대한민국 애들, 다 너와 같은 생각할걸. (또는) 그런 생각하지 마라. 우리 아들이 대학을 못 가면 누가 가?

민혁⋜ 생각을 바꾼다고 현실이 달라지나요? 그러니까 우리가 불쌍하다는 거죠. 지금 이렇게 재미없는데 어른이 되면 달라질까요? 대학에 들어가면 나아질까요?

⑦ 동정하기·애처로워하기

민혁 ⋜ 엄마, 난 아무래도 대학을 못 갈 거 같아. 공부가 하나도

215

재미없어요.

엄마 ⊇   어떡하니? 아직 고 3이 되려면 멀었는데. (또는) 이 세상
에서 가장 불쌍한 사람들이 학생이야.

민혁 ⊇   왠지 놀리는 기분이 드는데요? 알았으니까, 저는 방에
들어갈게요. 동정은 필요 없어요.

⑧ 조사·심문하기

민혁 ⊇   엄마, 난 아무래도 대학을 못 갈 거 같아. 공부가 하나도
재미없어요.

엄마 ⊇   담임선생님이 뭐라 하시니? (또는) 요즘 든 생각이야,
아니면 중학교 때도 그런 생각을 했어?

민혁 ⊇   모르겠어요. 그냥 공부하기가 너무 힘들다는 생각을 하
게 돼요. 그래도 뭐 그냥저냥 하는 거죠. 꼬치꼬치 캐묻
는 거, 정말 지겨워요.

⑨ 평가하기·빈정대기

민혁 ⊇   엄마, 난 아무래도 대학을 못 갈 거 같아. 공부가 하나도
재미없어요.

엄마 ⊇   지금이 너한테 얼마나 중요한 시기인데 그런 소리를 하
니? (또는) 참 잘한다. 남들 열심히 할 때 빈둥거리고 놀
더니….

216

민혁 : 공부하려고 해도 집중이 잘 안 되는데 어떡해요. 저라고 하기 싫어서 안 하겠어요? 책상에 앉아도 딴생각만 나고 공부는 재미도 없는데 어떡해요!

⑩ 한 방에 자르기

민혁 : 엄마, 난 아무래도 대학을 못 갈 거 같아. 공부가 하나도 재미없어요.

엄마 : 시끄러워, 괜히 하기 싫으니까 한다는 소리하고는…. (또는) 영화나 한 편 보자.

민혁 : 하기 싫은 게 아니고 잘 안 된다고요. 갑자기 영화라니, 지금 병 주고 약 주시는 건가요?

우리 딸은 문자질의 대마왕

다음은 비폭력대화 프로그램에 참가한 수애 엄마가 들려준 딸과의 대화입니다.

엄마　밤 12시가 넘어서는 문자질 좀 안 하면 안 되겠니?

수애　신경 쓰지 마세요.

엄마　엄마니까 당연히 신경 쓰지, 그럼, 남이 신경 쓰냐?

수애　친구가 공부 끝나면 이 시간이에요.

엄마　그럼 넌 왜 공부 안 하니?

수애　나는 나거든요. 아이, 짜증 나!

이런 식의 대화를 매일같이 반복한다는데, 왜 딸이 짜증을 심하게 내는지 모르겠다고 참가자들은 의아해했습니다. 여러분이 딸 입장이라면 어떤 느낌이 들지 상상해보세요. 공감받지 못할 때, 우리의 유대는 깨지고 마음은 고통스럽습니다. 수애 엄마는

218

공감하며 듣는 연습을 여러 번 하고 나서, 그날 밤 또 자정 넘어서 친구와 문자를 주고받는 수애에게 질문을 바꾸어 대화했다고 합니다.

엄마 밤 12시가 넘어서는 문자질 좀 안 하면 안 되겠니?
　　　→ 12시 넘어서 문자하는 걸 보니 친구랑 꼭 할 말이 있나 보네.
수애 신경 쓰지 마세요.
엄마 엄마니까 당연히 신경 쓰지, 그럼, 남이 신경 쓰냐?
　　　→ 필요해서 하는 거니까 믿어달라는 거지?
수애 친구가 공부 끝나면 이 시간이에요.
엄마 그럼 넌 왜 공부 안 하니?
　　　→ 둘이 스케줄을 맞추려면 이 시간이 되어야 문자할 수 있구나.
수애 예.
엄마 하긴, 너희가 정말 바쁘지. 들어보니 이해가 되네. 12시 넘어서 문자하는 거 엄마는 마음 불편했었거든. 대부분 잠자는 시간이잖아.
수애 미진이랑만 해요. 너무 걱정 마세요. 서로 방해 안 될 정도로만 하니까요.
엄마 알았어. 네가 그렇게 말해주니 안심이 된다. 엄마도 편하게 마음 가질게.

엄마는 마음이 편해졌고, 수애는 엄마가 공감해주자 친구들과의 대화 내용을 엄마와 공유하며 모녀 사이가 더 돈독해졌다고 합니다.

엄마는 의무를 다하지 않았어

비폭력대화 수업 중에, 주변 사람들 중에서 한 명을 정해 그 사람에게 가장 하고 싶은 말을 써보라고 했습니다. 다음은 시은이라는 여대생이 엄마에게 쓴 편지입니다.

엄마.

엄마는 내가 어떤 생각을 하면서 살고 어떤 어려움을 느끼는지 모르지? 나는 어릴 때부터 피해 의식에 사로잡혀 자꾸 나를 부정적인 쪽으로 몰아가고 있어. 행복할 때는 별다른 생각이 들지 않지만, 스트레스 상황에서는 자꾸 엄마가 미워져서 그쪽으로 퇴행하지. 내가 볼 때 이 문제를 해결하지 않는 한, 평생 가슴속에 남을 것 같아.

왜 나를 사랑해주지 않았어? 왜 나를 방임한 것에 대해 가책이 없어? 엄마는 의무를 다하지 않았어. 엄마로서의 책임은 내팽개치고 욕망만 따라 살아왔다고! 엄마는 나보다 남자 친구가 더

221

중요했지? 내가 혼자 어떤 일을 겪으며 힘들었는지 알기나 해?

이 글을 쓸 때 시은이의 느낌과 욕구는 어땠을까요? 워크숍에 함께 참여한 엄마 또래의 아주머니가 시은이 어머니 역할을 해 주었습니다. 아주머니가 시은이의 비난을 공감하며 들어주자 시은이는 울면서 그동안 쌓인 얘기를 풀어놓았고, 이야기를 하면서 어머니를 비난하고는 있지만 실제로 원하는 것은 엄마와 공감으로 연결되는 것임을 깨달았습니다.

시은이는 자기가 할 말을 다시 연습했고, 집으로 돌아가 어머니와 대화하면서 서로 껴안고 엉엉 울었다고 합니다. 어쩌면 엄마를 용서할 수도 있겠다는 생각이 들었고 가슴이 시원해졌다고 하더군요.

다음은 (아주머니가 역할을 대신해준) 엄마와 시은이가 한 대화입니다.

시은   엄마는 내가 어떤 생각을 하면서 살고 어떤 어려움을 느끼는지 모르지? 나는 어릴 때부터 피해 의식에 사로잡혀 자꾸 나를 부정적인 쪽으로 몰아가고 있어.

엄마   엄마가 네 마음을 잘 몰라준다는 생각이 들어서 화가 나고 답답해?

시은   응. 엄마, 난 가슴이 터질 거 같아.

엄마 우리 시은이가 너무 힘들었구나.

시은 응, 난 힘들었어. 그리고 지금도 힘들어. 자꾸 엄마가 미워져.

엄마 엄마가 미워?

시은 내가 볼 때 이 문제를 해결하지 않는 한, 평생 가슴속에 남을 것 같아. 왜 나를 사랑해주지 않았어? 왜 나를 방임한 것에 대해 가책이 없어? 엄마는 의무를 다하지 않았어. 엄마 욕망만 따라서 살아왔잖아. 엄마는 나보다 남자 친구가 더 중요했지?

엄마 엄마에게 사랑도 받고 싶고 엄마의 지원이 필요했는데, 보살펴주지 않아서 그렇게 힘들었구나. 그래서 지금도 엄마가 너무 밉고 아직도 속상하고…. 미안해, 엄마가 미안해. 아빠랑 사는 게 힘들어서 네가 커나가는 기쁨을 느끼지 못하고 산 게 엄마도 가장 후회되고 미안해.

시은 엄마가 남자 친구에게 정신이 팔려 있을 때, 내가 어떤 일을 겪었는지 알기나 해? 상처 입은 딸의 마음을 알기나 하냐고?

엄마 엄마가 모르는 많은 이야기가 있을 거 같아. 면목 없지만 지금이라도 너를 잘 돌보고 충분히 사랑하고 싶어. 용서해달라는 말은 할 수가 없지만, 지금부터라도 기회를 줄 수 있겠니?

비록 아주머니를 통해서였지만, 엄마가 공감해주고 미안하다고 말하자 시은이는 따듯함을 느꼈다고 합니다. 공감으로 연결될 때, 가슴에 뜨겁게 올라오는 것은 연민과 사랑임을 경험했습니다. 그러자 엄마를 비난하던 것을 멈추고, '기린 in'으로 자신의 느낌과 욕구에 집중하게 되었지요.

엄마! 난 초등학교 때 비가 오는 날이 싫었어. 엄마는 우산을 한 번도 가져다준 적이 없으니까. 생일 파티도 다른 애들 할 때 같이하게 했지? 엄마 없는 생일 파티는 늘 허전했고, 난 다른 아줌마들 눈치를 봐야 했어. 현장학습을 갈 때도 내 김밥은 만든 것이 아니고 가게에서 산 것이었고.

엄마! 난 엄마의 사랑과 돌봄, 지원이 필요했는데 늘 채워지지 않아서 슬펐고, 그 기억이 나면 지금도 힘들어. 난 지금도 엄마의 따뜻한 사랑과 돌봄을 받고 싶고 지원이 필요해.

엄마, 내 말 들으면서 어땠어?

아이의 느낌과 욕구는?

사춘기 청소년이 다음과 같은 말을 할 때, 느낌과 욕구가 어떨지 추측해서 써보세요.

1 "나처럼 자유가 적은 고등학생은 없을 거예요."

느낌
_____

욕구
_____

2 "엄마는 제 마음을 몰라요."

느낌
_____

욕구
_____

3 "아빠는 어릴 때 저처럼 바쁘게 공부하셨어요?"

느낌
_____

욕구
_____

4 "난 외국에서 공부하고 싶어."

느낌 _____

욕구 _____

5 "우리 학교에 코로나19 확진자가 50명이래요."

느낌 _____

욕구 _____

6 "어른들은 이상해요. 의견을 얘기해보라 해놓고는 대든다고 혼내요."

느낌 _____

욕구 _____

7 "우리는 어디에 가서 놀라는 말인가요?"

느낌 _____

욕구 _____

8 "엄마는 왜 동생한테만 너그러워요?"

느낌 _____

욕구 _____

9 "집에 들어가면 뭐해, 나를 반기는 사람이 없는걸."

느낌 _____

욕구 _____

10 "과연 결혼할 필요가 있을까?"

느낌 _____

욕구 _____

연습 문제에 대한 민혁이의 대답

1 "나처럼 자유가 적은 고등학생은 없을 거예요."

느낌 답답하다, 아쉽다, 짜증 난다

욕구 자유, 휴식, 놀이, 재미, 자율성

2 "엄마는 제 마음을 몰라요."

느낌 서글프다, 야속하다, 밉다, 외롭다

욕구 공감, 소통, 이해, 수용, 지지

3 "아빠는 어릴 때 저처럼 바쁘게 공부하셨어요?"

느낌 원망스럽다, 억울하다, 부럽다, 지친다

욕구 편안, 배려, 여유

4 "난 외국에서 공부하고 싶어."

느낌 희망에 차다, 기대에 부풀다

욕구 성장, 성취, 배움, 새로움, 도전, 자극

5 "우리 학교에 코로나19 확진자가 50명이래요."

느낌 걱정된다, 불안하다

욕구 안전, 건강

6 "어른들은 이상해요. 의견을 얘기해보라 해놓고는 대든다
고 혼내요."

느낌 의아하다, 난처하다

욕구 명료함, 상호성, 소통, 일관성

7 "우리는 어디에 가서 놀라는 말인가요?"

느낌 억울하다, 답답하다, 침울하다

욕구 즐거움, 재미, 공간, 배려, 존중

8 "엄마는 왜 동생한테만 너그러워요?"

느낌 서운하다, 실망스럽다, 화가 난다

욕구 공평, 배려, 수용, 사랑, 신뢰

9 "집에 들어가면 뭐해, 나를 반기는 사람이 없는걸."

느낌 외롭다, 쓸쓸하다, 우울하다

욕구 친밀한 관계, 소통, 연결, 사랑, 존중, 소속감

10 "과연 결혼할 필요가 있을까?"

느낌 의아하다, 혼란스럽다, 걱정된다

욕구 명료함, 편안함, 자유, 즐거움, 선택

축하와 애도

03

엄마의 일기

말 달리자!

민혁이가 중3 때의 일이다. 중2 때부터 시작된 사춘기가 중3 여름이 되자 절정에 이르렀다. 중2 때처럼 친구들과 몰려다니면서 장난을 치는 일은 없어졌으나, 학업에 대한 부담으로 예민해져서 나와 다투는 일이 종종 생겼다. 나름대로 공부를 해보겠다고 학원을 밤늦게까지 다니다 보니 스트레스가 많이 쌓인 모양이었다.

드디어 내 계획을 실행할 때가 된 것 같았다. 오래전부터 생각해왔는데, 난 아이들이 청소년이 되면 꼭 한번 말을 타고 초원을 달리는 해방감을 맛보게 해주고 싶었다. 여름방학이 되자 얼마

전 만기된 적금으로 계획을 실천했다. 남편과 민혁이를 몽골로 보낸 것이다. 열흘간 칭기즈 칸의 고향에 가서 말을 타는 프로그램이었는데, 공부로 찌든 민혁이의 가슴도 후련하게 해주고, 그동안 가족들을 위해 애쓴 남편에게도 자유를 주고 싶었다.

민혁이는 예상대로 가기 싫다고 하더니, 예비 모임에 가서도 "무엇을 위해 말타기 여행을 가려느냐?"는 주최 측 질문에 "바라는 건 없고, 단지 엄마의 강요에 의해서 간다"고 답해서 여러 사람들이 웃었단다. 내 친구는 "남들 다 공부하느라고 난리인데 애를 그렇게 길게 놀게 하면 불안하지 않겠냐?"고 했고, 학원 담임 선생님은 이해할 수 없다는 표정으로 쳐다봤지만, 어쨌든 남편과 민혁이는 떠났다.

남은 세 식구도 따로 휴가를 다녀오기로 했다. 남편과 휴가를 갈 때는 늘 바쁜 일정을 세워서 움직이는 편이었는데, 우리 셋의 휴가는 상의 끝에 철저하게 '편안하게 쉬기'에 집중하기로 했다. 장소는 서울 근교의 산 밑에 자리한 호텔로, 처음으로 요리나 관광을 하지 않고 오롯이 쉬는 시간을 가졌다.

우리 3명은 3일간 잘 쉬고 각자의 일상으로 복귀했다. 민혁이와 남편도 열흘간의 여행을 마치고 새까매져서 돌아왔다. 그날 밤, 잠자리를 챙겨주고 있는데 민혁이가 말했다.

"엄마! 저 몽골에 보내주셔서 감사했어요. 아무 생각 없이 신나게 넓은 초원을 달리다 보니 가슴도 시원해지고 생기가 돌았어요. 정말 쉬다 온 거 같아요. 고맙습니다."

민혁이는 바로 일상생활에 복귀하지는 못하고 3일을 더 쉬느라 13일분의 학원 진도를 놓쳐서 학업에는 손실이 있었지만, 마음이 편안해져서 신경질이 줄었고 여유가 생겼다.

2년 동안 모은 적금을 남편과 큰아들에게 몽땅 썼지만 두 사람은 행복했고, 남은 세 사람도 나름대로 즐겁게 쉴 수 있었다. 지금 생각해도 아무런 후회가 없다. 말 달리던 열흘이 민혁이에게는 아빠와 친밀함을 돈독히 할 수 있는 절호의 기회이자 자유와 해방, 자연과의 친화, 신선한 자극과 즐거움으로 가득한 충전의 시간이었기 때문이다.

아이의 일기

바람을 가르며

몽골에 정말 가기 싫었다. 선진국이라면 몰라도 목욕탕도 없고 물도 제대로 나오지 않는 곳에서 열흘이나 지내는 건 끔찍했다. 더군다나 귀중한 방학을 그런 데서 날리다니…. 당연히 표정이 좋을 리 없었고, 그 표정은 이틀쯤 유지되었다. 하지만 거기에 온 사람들과 이야기도 하고 말도 타면서 나는 점점 더 재미를 느꼈다.

우리 조는 나와 아빠, 광주에서 온 초등학교 선생님, 회사원 아저씨, 젊은 부부, 고등학교 2학년 형, 춘천의 어느 아파트 관리소장 아저씨, 부산에서 온 유치원 선생님 두 분, 이렇게 10명이었다. 나는 시간이 지날수록 같은 조 사람들과 어울리는 걸 즐기게 되었다.

이제 말은 누구보다도 잘 탈 자신이 생겼다. 넓은 들판을 달리고 바람을 가르며 나는 자유를 맛봤다. 머리가 길었는데도 자를 이유가 없었다. 아무 걱정거리도 없었고 나를 짓누르는 것도 없었다. 아빠가 가끔 뭐라 잔소리를 하시긴 했지만 말이다. 열흘 후 돌아올 땐 아쉬움마저 느껴졌다.

좋은 추억을 만들 수 있도록 기회를 주신 엄마에게 진심으로 고맙다. 가끔은 부모님 말씀을 듣는 것도 인생에 도움이 되는 것 같다.

NVC 생각

기쁠 땐 축하, 슬플 땐 애도

우리가 살아가면서 어떤 일을 선택할 때 욕구가 완전히 충족되거나 아예 충족되지 않는 경우는 거의 없습니다. 무슨 일이든지 충족되는 욕구와 충족되지 않는 욕구가 동시에 존재하지요. 어떤 행동을 선택함으로써 나 자신이 고단하고 힘들어질 때가 있습니다. 하지만 그때에도 충족되는 욕구가 있고, 그 욕구가 가치 있다고 판단하기 때문에 우리는 그 행동을 선택합니다.

비폭력대화에서는 충족된 욕구는 축하하고, 충족되지 않은 욕구는 애도합니다. '애도'란 상실한 것에 대한 체념과 수용을 말합니다. 흘려보내는 것이지요. 내 선택의 결과가 만족스럽지 않더라도 축하와 애도를 하면서 그것이 내게 의미 있는 선택이었음을 깨닫는 것은 중요합니다. 우리, 함께 축하하면서 기뻐하고 애도하면서 수용해요.

고달픈 연휴

이번 주 금, 토, 일은 연휴다. 아이들이 어렸으면 이 기회를 놓치고 싶지 않아서 바로 여행을 떠났을 텐데, 중고생이 되니 연휴에 멀리 나가기가 쉽지 않다. 더군다나 이번 연휴는 아이들 시험 기간 중간에 끼여 있어서 꼼짝없이 집에서만 시간을 보냈다. 왜 꼭 연휴를 끼고 시험을 보는지 원….

3일 동안 우리 아이들이 먹은 음식은 실로 대단하다. 계란 한 판을 해치웠고, 우유 10리터, 바나나 2송이, 귤 한 상자, 닭 2마리, 돼지고기 3근, 두부 2모, 콩나물 1킬로그램, 감자 15개, 그 밖에도 일일이 다 열거할 수가 없을 정도다.

목요일 밤에 장을 보았고, 금요일부터 일요일 밤까지 여덟 끼의 식사를 준비하고 아이들이 원하는 간식을 만드느라 바빴다. 한 끼는 배달음식을 시켜 먹었지만, 먹고 나면 치우고, 치우고 나면 또 배고프다 아우성이었다.

일요일 저녁이 되자 난 지쳐서 드러누웠다. 누워서 생각해본다. 오늘 축하할 것은 무엇이고, 애도할 것은 무엇인가? 주말 내내 자유롭지도 못했고, 휴식을 취하지도 못했으며, 나만의 시간과 공간도 가지지 못했고, 자기 돌보기도 하지 못했다. 애도할 부분이다. 그러나 정성껏 만든 안전한 먹을거리에 안심할 수 있었고, 아이들에 대한 배려와 사랑과 지원을 표현할 수 있었으며, 잘 먹는 모습을 보면서 즐거움과 보람, 친밀감을 충족시킬 수 있었으니 축하할 일이다.

축하와 애도를 하다 보니, 다음 주말 식사는 식구들이 돌아가면서 준비하거나 다른 아이디어를 제안하라고 부탁해야겠다는 생각이 든다. 우리 식구가 다섯이니 한 번씩 식사 준비를 해주면 나는 두 끼만 책임지면 된다. 그렇게 생긴 주말 여유 시간을 오롯이 나를 돌보는 데 활용한다면, 평일 식사를 즐거운 마음으로 준비할 수 있고 휴일에 지치는 일도 없으리라.

04

자칼의 사춘기를
기린의 사춘기로

| **자칼의 사춘기 1탄** | 양호실인데, 오셔서 사고 처리하세요

내 아이는 외계인?

오늘은 모처럼 봉사활동을 하는 날, 자선 바자회에서 열심히 물건
을 팔고 있는데 전화가 왔다.

양호선생님 ː 민우 어머님이시죠? 여기 양호실입니다.

엄마 ː　　　예?

양호선생님 ː 놀라지 말고 들으세요. 민우가 친구랑 장난을 치다가 싸움이 됐는데, 상대 아이가 코뼈를 맞았고 피가 많이 났어요. 코뼈도 약간 부은 거 같으니 얼른 오셔서 처리해주시기 바랍니다. 병원으로 데려가시면 피해 아이 부모님을 병원으로 가시게 할게요.

가슴이 콩닥콩닥 뛰기 시작했다. 운전해서 학교로 가는 동안 얼마나 울었는지 모른다. 교사인 친구에게 전화를 걸어 이럴 땐 어떻게 하는 게 좋겠냐고 물으니, 친구는 아주 심하게 다쳤으면 이미 양호선생님이 병원에 데려갔을 텐데 학부모를 부른 걸 보면 별일 아닐 테니 마음 놓고 가보라고 안심시킨다. 그러면서 가끔 다친 아이 부모가 거세게 나올 때가 있으니 대화를 잘 나누란다.

양호실로 가는데 민우가 보인다.

민우 < 죄송해요. (아이 표정이 말이 아니다.)

엄마 < 무슨 일이야? 얼마나 놀랐는지 몰라. 너도 놀랐구나.

민우 < 예, 재민이랑 점심시간에 장난치고 놀다가 재민이가 급식차를 제게 밀었어요. 며칠 전 다친 발가락이 급식차 바퀴에 껴서 피가 나고 아프길래 저도 한 대 쳤는데 재민이가 피하다가 잘못 맞아서 코피가 터졌어요.

엄마 < 좀 참지…. 너도 많이 미안했겠네. 놀라고, 겁도 나고.

민우 < 예, 빨리 들어가보세요.

재민이는 코에 붕대를 감고 있었다. 양호선생님은 이런 경험이 많은 듯 재민이 교복을 주며 피가 너무 많이 나서 벗기고 체육복으로 갈아입혔으니 빨아다 주라고 하셨다.

재민이를 데리고 병원에 가서 접수를 하면서 "미안해서 어쩌니? 미안해. 일단은 치료를 잘 받자" 하자, "괜찮아요. 서로 장난하다 그랬는데요, 뭘. 민우도 피 났어요" 한다.

재민 엄마를 기다리며 상대의 느낌과 욕구를 추측해봤다. 놀라고 긴장되고 걱정되고 속상할 것 같았다. 아이에게 충분한 치료를 해주어 안심하고 싶을 것이고, 학교에서 아이가 안전하기를 바랄 것이다. 그때 놀란 표정으로 재민 엄마가 병원에 들어왔다.

재민 엄마 = 재민아! 너, 무슨 일이니? 괜찮아?

민우 엄마 = 안녕하세요? 저, 민우 엄마예요. 많이 놀라셨지요?

재민 엄마 = 아, 예….

민우 엄마 = 죄송해요. 아이들이 점심시간에 장난으로 시작했다가 이렇게까지…. 재민이가 코피가 많이 났대요. 많이 속상하실 것 같아서 제가 어쩔 줄을 모르겠네요.

재민 엄마 = 재민이가 원래 코피가 자주 나요. 그나저나 민우는 괜찮나요?

민우 엄마 = 예, 발을 약간 다쳤나 본데, 괜찮아요. 장난하다가 다쳐 놀라고 당황했나 보더라고요.

다행히 재민이 엄마는 대화가 통했고, 두 형제를 키우는 엄마라서 남자애들의 행동이나 심리를 잘 이해하고 있었다. 감사한 일이다. 나는 이비인후과에서 할 수 있는 검사를 다 받게 했고, 다행히 아이 코는 약간 부었을 뿐 이상이 없다는 진단을 받았다. 그러나 재민 엄마 입장에서는 혹시라도 뼈에 이상이 있을까 봐 걱정될 것 같았다.

> 민우엄마 ‹ 재민 엄마, 이비인후과에서는 괜찮다고 하지만, 재민 엄마 입장에서는 안심이 안 될 것 같아요. 방사선과에 가서 뼈 사진 찍어보면 좋을 것 같은데, 어떻게 생각하세요? 재민이에게 충분한 치료를 받게 해서 안심하고 싶어요.
> 재민엄마 ‹ 예, 그랬으면 좋겠어요.

재민 엄마의 마음을 읽어주자 얼굴이 편안해진다. 뼈에도 이상이 없다는 진단을 받고 나서야 재민이를 수업에 들여보내고, 재민 엄마와 나는 아들 키우는 일의 고충에 대해 서로 공감하며 대화를 나눴다. 재민 엄마는 아이 일로 학교에 온 게 세 번째라고 했다. 처음에는 아이가 미술 시간에 비너스 석고상을 깨서 왔고, 두 번째는 유리창을 깨서 왔단다. 얌전해 보이고 의젓한 재민이도 그런 일이 있었다니, 사춘기 아이들은 도저히 예측할 수 없는 존재인 것 같다. 하긴, 오죽하면 그들을 '외계인' 같다고 할까!

수업 후 민우와 재민이는 다정하게 이야기를 나누며 엄마들이 있는 곳으로 왔고, 우리 넷은 웃으며 하루를 추억할 수 있었다. 그날 밤에 나는 코피로 얼룩진 재민이 교복 셔츠를 정성껏 빨아서 다림질한 후 케이크를 하나 사서 재민이 집에 가져다주었다. 교복을 다리면서 재민이가 건강하게 잘 자라기를 기원했다.

오늘 느낀 것은 공감의 힘이다. 당황스러운 상황에서도 상대의 느낌과 욕구에 초점을 맞추며 공감하니 상대가 금방 편안해지고, 둘 사이에 유대와 이해가 생겼다. 그 이후 엄마들도, 아이들도 좋은 친구가 되었다.

 아이의 일기

하늘이 도우신 날

점심시간에 자고 있는데 세 놈이 나를 때리고 도망갔다. "하지마!"라고 그랬는데 또 하기에, 나는 화가 나서 가장 선두에 있던 재민이 놈을 쫓아가 한 대 쳤다. 그러자 재민이는 급식차를 내게 밀었고, 내 발가락이 바퀴 사이에 끼여버렸다. 고통은 분노를 불렀고, 화가 폭발한 나는 뒤로 돌자마자 주먹을 날렸다. 결국 싸움이 일어났고, 결과는 나의 일방적인 구타. 그 녀석은 코피를 많이 흘려 양호실에 갔다. 나는 5교시 동안 걱정되어 수업에 집중할 수가 없었다. '코뼈가 주저앉았으면 어쩌지?' 약간의 후회도 들었다. '한 번만 더 참을걸' 하고 말이다.

불안해서 쉬는 시간에 양호실에 갔다가 엄마를 만났다. 엄마에게 죽을 줄 알았는데 엄마가 오히려 내 마음을 읽어주니, 더 미안하기도 하고 고맙기도 했다.

다행히 종례할 때 재민이가 나타났다. 흘끗 쳐다보니 자식이 웃으며 "괜찮아, 인마! 너희 엄마랑 우리 엄마랑 등나무 밑에서 기다리셔. 같이 가자" 했다. 이건 완전히 하늘이 도우신 거다. 난 그제야 안도의 한숨을 쉬었다.

집에 와서도 엄마는 예전처럼 나를 혼내지 않고 부드러웠다. 내게 학교에서 친구들과 장난을 칠 때 집기나 물건을 사용하지 말고 남의 얼굴에 손대지 말라는 부탁을 하셨다. 엄마가 예상외로 친절해지니까 기분이 묘하다.

 NVC 생각

아이와 연결되는 기쁨

아이 셋을 키우느라 늘 바쁘고 지쳐서 본인의 느낌이나 아이들의 느낌을 돌볼 여유가 없다고 얘기하던 민우 엄마는 변화 중이군요. 예상치 못한 사건을 겪을 때 본인도 몹시 놀라고 당황스러웠지만,

민우 역시 놀라고 미안해하고 있음을 함께 느끼면서 아이와의 연결을 놓치지 않았네요. 다친 아이 엄마의 느낌과 욕구에 초점을 맞추어 배려를 실천에 옮긴 것과 민우의 마음을 읽어주고 구체적인 행동을 부탁한 것에 대해 축하하고 싶습니다.

| 자칼의 사춘기 2탄 | 단지 재미있는 것을 찾았을 뿐이에요

화려하고 찬란한 사춘기

학교에서 온 민우는 오늘 따라 전화 통화를 많이 한다. 좀 의아했지만 '저 나이엔 친구가 너무 좋지' 하고 대수롭지 않게 생각했다. 그런데 잠시 후, 같은 아파트에 사는 민우 친구 준석이 엄마한테서 전화가 왔다.

준석 엄마 ː 민우가 무슨 말 안 해?
민우 엄마 ː 아니, 왜, 또 무슨 일 있었어?

피시방 사건 이후로 나는 전화 통화에서 민우 얘기만 나오면 덜컥 겁이 난다. 준석이 엄마에게서 들은 사건의 경위는 이러했다. 우리 아파트에 사는 아이들 7명이 하굣길에 3주 넘게 남의 집 문을 차고 도망갔다고 한다. 한 명이 벨을 누르고, 다른 한 명은 문을 발로 차고, 나머지 아이들은 사방으로 흩어지며 주인아주머니를 교란하는 작전으로 역할을 돌아가며 했단다.

오늘은 아주머니가 너무 화가 나서 아파트까지 아이들을 쫓아왔고 준석이를 붙잡아서 오늘 누가 문을 찼냐고 물었는데, 오늘 문을 찬 주인공은 우리 민우였고 아주머니는 준석이와 민우의 이름을 외우며 돌아갔다는 얘기다. 그 아주머니가 학교에 알린다는 말에, 준석이가 불안해서 엄마와 이야기를 나누었나 보다.

우리 아들은 배포가 큰 건지, 무식한 건지 이 모든 상황을 엄마 모르게 처리할 요량이었고, 자기들끼리 내일 학교에서 벌어질 상황을 어떻게 수습할지 대책을 논의했겠지. 그러느라 계속 전화를 주고받았을 테고.

'아유, 지겨워. 어쩌면 어미 노릇은 이리도 끝이 없을까?'

내가 비폭력대화를 아무리 오래 배웠다 해도, 남의 집 문을 발로 차면서도 피해를 주는 줄도 모르고 즐거워한 저놈의 욕구는 도저히 봐줄 수가 없다.

엄마< 방금 준석이 엄마한테 얘기 다 들었어. 오늘의 주인공은 너라며? 빌라 아줌마가 학교에다 너희들 이름 대고 처벌해달라고 했대. 엄마는 지금 너무 부끄럽고 황당하다. 어

찌할 바를 모르겠어. 아니, 네가 유치원생이야, 초등학생이야? 덩치는 어른만큼 커서는 남의 집 벨이나 누르고, 문이나 발로 차고 다니고, 부끄럽지도 않니?

민우 ⟨ 나만 한 게 아닌데 엄마는 왜 나한테만 그래요?

엄마 ⟨ 그럼, 지금 여기 너 말고 누가 있어? 같이한 놈들 이름 다 대라.

민우 ⟨ 난 역시 재수가 없어요.

엄마 ⟨ 지난번 사생대회 사건 때도 재수가 없다더니, 또?

민우 ⟨ 예, 오늘도 하필 내가 찬 날 걸렸잖아요. 난 정말 재수가 없어.

엄마 ⟨ 그 아줌마한테 미안하지도 않아? 무슨 애가 양심이 없냐? 야, 인마! 넌 주거침입죄에 기물파손죄, 거기다가 지난번에 이어 사고 쳤으니까 가중처벌까지 해당해. 이 나쁜 녀석아.

난 죄목까지 붙여가며 거침없이 자칼을 쏟아댔다. 자칼을 쏟아내니, 아이 또한 자칼이 되어 거세게 대들고 소리친다.

민우 ⟨ 엄마는 괜히 나만 가지고 그래. 애들 7명이 함께 그런 건데…. 나 혼자 그런 것이 아니잖아요? 공평하지 않아요.

엄마 ⟨ 뭐, 공평? 공평 같은 소리 하네. 이놈의 새끼가! 어디, 심

245

장 벌떡거려서 너 키우겠냐?

난 너무 화가 나서 남편에게 전화를 걸었다.

엄마 > 여보, 나 오늘부터 민우 못 키워. 아니, 안 키워. 그러니
까 이제부터 민우는 당신이 키워요.

아빠 > 무슨 일 있었어? 우리 마님이 왜 이리 화가 많이 났을까.
민우 옆에 있어? 민우 좀 바꿔줘요.

민우는 아빠에게 흥분하면서 설명을 하더니 갑자기 풀이 죽
어서 끊는다.

엄마 > 아빠가 뭐라고 하셔?

민우 > 오늘은 아빠한테 매 좀 맞아야 하겠대요.

감정을 가라앉히는 데 한참이 걸렸다. 장난으로 3주 넘게 남
의 집 문을 찬 것만 해도 기가 막힌데, 자기 행동이 잘못됐다는 생
각도 못 하니 더 화가 나고 맥이 빠진다. 난 아이를 민주시민으로
키우고 싶단 말이다. 씩씩거리다가 집에 있는 기린 인형을 만지면
서 내가 이런 상황에서 어떻게 기린이 될 수 있을지 고민했다. 아
이와 이미 서로 치열하게 쏟아낸 자칼은 어쩔 수가 없고, 수습해

야겠다는 생각에 정신이 든다.

아이를 앞세워 주스 한 상자를 사서 들고 그 집을 찾아갔다. 주인아주머니께 오늘 이 집 문을 찬 아이와 그 아이의 엄마라고 소개하자, 문을 열고 나오면서 화를 내신다.

아주머니 ⟨ 내 참⋯. 기가 막혀 말이 안 나와요. 매일 3시 30분쯤이 되면 아이들이 와서 문을 차고 도망가는데, 아니, 우리 집에 여중생이 있는 것도 아니고⋯. 나중에는 이 아이들 이 우리 집에 무슨 앙심을 품고 있나 하는 생각까지 다 들더라고요.

엄마 ⟨ 그런 생각이 왜 안 드셨겠어요. 불안도 하시고, 짜증도 나셨겠지요. 정말 죄송합니다.

아주머니 ⟨ 내가 지난번에 경고했는데도 오늘 또 벨 누르고 문을 차 서 약이 올라 쫓아간 거예요. 그러고 보니 애가 키가 크 네. 어쩐지, 오늘은 아주 집이 무너지는 소리가 나더라 고. 네가 차서 소리가 더 컸구나? 도대체 너희들, 왜 그 러니?

민우 ⟨ 죄송합니다. 그냥 재미있어서 그랬어요.

아주머니 ⟨ 뭐, 재미? 난 도저히 이해가 안 된다.

엄마 ⟨ 왜 안 그러시겠어요. 황당하시지요? 저도 애들 마음이 잘 이해가 안 돼서 무척 황당하고 부끄럽습니다. 얼마나 화가 나면 쫓아오셨겠어요. 다시는 애들이 그런 짓 못 하게 하고 싶으셨을 거예요. 조용하게 지내고 싶으셨을 텐데, 다시 한번 사과드립니다. (나는 최선을 다해 아주머니의 느낌에 초점을 맞추었다. 내 느낌 표현도 하면서.)

아주머니 = 그럼 화가 나지, 안 나겠어요? 3시가 넘어가면 가슴이 두근거려.

민우 = 죄송합니다. 저희가 단순하게 생각한 행동이 남한테 피해가 되는 줄 몰랐어요.

아주머니 = 널 보니 나쁜 아이 같지는 않구나. 그런데 아까 이미 학교에 전화해서 처벌해달라고 했다.

엄마 = 그러셨어요? 오죽이나 속상했으면 그렇게 하셨겠어요. 아이들을 학교에서 관리해서 다시는 그런 일 없이 편안하고 조용히 지낼 수 있기를 바라셨겠지요. (나는 그 아주머니의 고통이 이해가 됐다. 아주머니는 쉽게 감정이 가라앉지 않았지만, 느낌을 다시 읽어드리니까 한결 진정이 되었다.)

아주머니 = 그런데 이렇게 찾아와서 사과하니 학교에 전화 건 게 미안해지네요. 내일 아침에 다시 전화해서 없었던 일로 하자고 하리다.

엄마 = 그렇게 배려해주신다니 감사합니다. 제가 모두 잘 아는 아이들이니까, 부모들과 아이들에게 다 연락해서 다시는 그런 일이 없도록 하겠습니다.

아주머니 ‹ 공부 열심히 해. 너희들 때는 그럴 수도 있지.

아주머니는 마음이 좀 풀리셨는지, 온화해진 모습으로 아이 어깨를 두드리며 격려해주신다. 이미 학교에 전화가 간 이상, 없었던 일로 처리되지는 않을 것이다. 그래도 이번 사건은 아이들에게 또 다른 배움의 기회가 되어주리라. 아이들은 아주머니의 고통을 이해하고 문제를 풀어가는 과정을 배울 것이다. 길을 오가다가 아주머니와 마주치면 피하지 않고 인사를 나눌 수 있을까? 아이들한테 그것까지 요구하는 것은 무리이려나?

아무 말 없이 집으로 돌아와 아이의 손을 잡고 물었다. 민우는 긴장했는지 얼굴이 굳어서 나를 쳐다본다. 이번엔 민우가 공감을 받아야 할 것 같다.

엄마 ‹ 그렇게 생활이 답답했니? 재미있는 걸 찾고 싶었어?

민우 ‹ 네, 생각해보세요. 우리는 너무 재미가 없어요. 학교, 집, 학원, 언제나 똑같은 스케줄. 그러다 보니 재미있는 걸 찾아서 모의한 건데…. 앞으로는 안 그럴게요.

엄마 ‹ 그래, 네 말을 듣고 보니 엄마도 안타깝다. 그렇게 답답하고 재미없어서 힘든 줄은 몰랐어.

민우 ‹ 죄송해요. 저 때문에 엄마까지 사과하고, 돈도 쓰고.

엄마 < 괜찮아. 그런데 나의 재미가 중요하듯이 다른 사람의 편
안함도 중요한 거야. 아주머니가 그동안 불편하셨잖아.
안전에 위협도 느끼셨고. 엄마는 우리 아들이 배려심이
깊은 사람으로 자랐으면 좋겠어.

민우 < 예, 그렇게 자랄게요.

민우는 내가 기린 엄마가 되어 공감해주자 아기 기린의 모습
으로 바로 돌아온다. 아마도 오늘 사건을 계기로 사람을 배려할
수 있는 따뜻한 마음이 한 뼘은 더 자랐을 것이다. 사랑스러운 우
리 민우, 건강하고 가슴이 큰 사람으로 자라렴.

아이와 대화하면서 우리나라 학생들의 일상이 너무 지루하
고, 틀에 박혀 있고, 학습 부담이 과중하다는 사실을 인정했다. 부
모 세대의 학창 시절과 비교해보면 너무 재미없고 스트레스 상황
의 반복이다. 부모로부터 가장 자유로운 시간이 겨우 학교나 학원
을 오가는 시간일 테고, 재미는 찾고 싶은데 놀 시간이 많지 않으
니, 그 시간과 공간에서 여러 가지 일을 벌이는 것이다.

다음 날 아이는 반성문을 또 한 장 가지고 왔고, 이번에는 간
단한 코멘트만 달면 된다며 웃는다. 에그, 이 녀석을 그냥…. 아
이는 그 후 일주일 동안 함께 일을 저질렀던 친구들과 교내 운동
장 쓰레기를 줍는 봉사활동을 해야 했다.

두 번째 반성문을 받아 든 담임선생님은 "너희 어머니가 무

슨 죄가 있니?"라고 말씀하셨다는 후문이다. 죄라면 뭐, 내가 낳은 아들이 '사춘기를 열정적으로 앓고 있다'는 것이겠지. 엄마는 격렬한 자칼과도 같은 아들의 사춘기를 기린의 크고 깊은 사랑으로 견뎌내야 한다. 아이도, 나도 이 화려하고 찬란한 사춘기를 잘 겪고 무럭무럭 성장할 수 있기를 기대한다.

아이의 일기

장난이 큰일로 번지다

학교 수업을 마치고 친구들이랑 집으로 가는 도중에, 애들이 요즘 문을 차고 도망가는 장난인 일명 '문차튀'를 집중적으로 하는 집이 있다고 했다. 당연히 나도 해보겠다고 했고, 숨을 죽이고 빌라 안으로 들어갔다. 나는 현관문 앞에 서고, 다른 애들은 도망가기 좋은 포지션을 잡았다. 약 5초 뒤 온 힘을 다해 문을 두 번 찬 다음 재빨리 도망갔다. 곧바로 아줌마가 나와서 "어느 놈이야?"라고 소리를 질렀고, 우리 아파트 단지 안으로 들어올 때까지 끝까지 쫓아오셨다.

　나는 눈빛으로 '집으로는 도망가지 마'라고 애들에게 신호를 보낸 뒤 빛의 속도로 뛰어갔다. 하지만 아줌마의 스피드도 만만치가 않았다. 간신히 아줌마를 따돌리고 우리는 헤어졌다. 2명이 보이지 않았으나 크게 신경은 쓰지 않았다. 그때 내 스마트폰으로 온 전화…. 친구가 들켰단다. 새어 나오는 육두문자를 겨우 참으며 나는 "왜 걸렸냐?"고 물어봤다. 도망칠 때 집으로 바로 들어갔다고 한다. '이런, 제기랄….'

친구는 사과하러 가자고 권했으나 나는 가볍게 "즐!"이라며 무시했다. 허나 여기서 내가 간과한 것은 이 녀석들의 지속적인 '문차튀'였다. 나중에 진술서에서 보니 나는 처음 했지만 다른 아이들은 한 달 가까이 꼬박 그랬다고 한다. 아줌마가 화가 날 만도 하시지. 결국 난 엄마의 압력으로 엄마와 함께 그 집에 가서 사과하고 왔다.

다음 날 담임선생님께 온갖 비난과 협박을 다 들어야만 했다. 들킨 준석이 녀석을 죽이고 싶었으나 나랑 가장 잘 통하고 내가 좋아하는 친구인 걸 어떡하나.

NVC 생각

자칼의 말과 기린의 공감

민우가 연이어 장난을 쳐서 엄마를 놀라게 하니 엄마 마음이 너무 힘들겠네요. 어쩌면 흥분한 엄마의 모습이 자연스러운 반응일 수도 있어요. 아이를 키우면서 이렇게 남에게 미안해지는 일을 겪으리라고 예상하지는 않으니까요. 그렇지만 민우 엄마가 준석이 엄마의 전화를 받고 나서 감정이 오른 상태로 마구 쏟아낸 다음과 같은 '자칼 말'은 안타깝습니다.

"네가 유치원생이야, 초등학생이야? 덩치는 어른만큼 커서는 남의 집 벨이나 누르고, 문이나 발로 차고 다니고, 부끄럽지도 않니? 무슨 애가 양심이 없냐? 넌 주거침입죄에 기물파손죄, 가중처벌까지 해당해. 이 나쁜 녀석아!"

이제 여러분도 이 말들이 비난과 평가, 모욕, 진단, 꼬리표 붙이기 등 소통과 연결을 방해하는 요소들이라는 것을 아실 거예요. 그러니 이런 말을 들은 민우가 거세게 대들며 자기를 변호한 것은 당연하겠죠! 이때 "지금 준석이 아줌마 전화 받고 너희들이 한 행동 얘기 들으니까 너무 황당하고 화가 나. 엄마는 다른 사람을 배려하는 게 중요하거든. 어떻게 된 이야기인지 자세히 말해줄래?" 하고 이야기를 풀었다면 연결을 놓치지 않을 수 있었겠지요. 그렇지만 늦게라도 기린을 기억하고 기린으로 공감하려고 노력한 것을 축하합니다.

피해 아주머니를 찾아가 그분의 느낌과 욕구를 읽어드리고 집으로 돌아와 민우와도 기린 공감을 하셨네요. 답답한 느낌과 재미있는 것을 추구하는 욕구를 이해받은 민우는 마음이 편안해졌을 것입니다. 다만 아쉬운 점을 한 가지 꼽는다면, 부탁이 구체적이지 않았다는 것입니다. '배려심이 깊은 사람'이 되어달라는 것은 너무 막연하지 않을까요? 막연하면 실천하기 어렵지요. '배려심이 깊은 사람'보다는 '이제부터는 다른 사람의 공간과 시간을 소중하게 생각하기' 또는 '행동하기 전에 그 행동이 어떤 영향을 미칠지 한번 생각하기' 등이 좋겠습니다.

| 자칼의 사춘기 3탄 | 궁구막추(窮寇莫追)

엄마의 일기

아이는 부모의 스승

여름방학이 다가온다. 이번 방학에는 처음으로 아이들에게 영어 특강을 하나씩 듣게 해야겠다는 생각을 하던 중에, 아이들이 다니는 학원 특강이 거의 마감되고 있다는 사실을 알았다. 아이들과 상의하기에는 시간이 없다. 전부 선착순이다. 일단은 입금하고 아이들이 학교에서 돌아온 후 상의를 하니 민혁이는 "좋아요" 하는데 민우는 시큰둥한 얼굴로 "돈 냈으면 해야지요, 뭐" 한다.

며칠 후 특강 시작 전날, 학원에서 구입한 교재 서너 쪽을 미리 풀고 오라는 문자가 왔다.

엄마 :　학원에서 문자 왔는데, 교재 서너 쪽 풀어 오래. 첫날부

터 숙제가 있네.

민우 : 시작하기도 전에 숙제를 내주는 게 어디 있어요? 무슨
학원이 그래?

엄마 : 그 학원 특강은 다 그렇대. 조금이니까 얼른 해. 다른 애
들은 다 해 올 거야.

나도 모르게 마음이 급해져서 아이 기분은 아랑곳하지 않고
다그쳤다.

민우 : 싫어요. 나, 그 학원 안 갈래. 엄마가 나한테 의견을 묻지
도 않았잖아요? 엄마는 급할 때는 존중이고 뭐고 없더
라. 그런 학원, 나는 안 다녀요.

엄마 : 네가 분명히 다닌다고 했잖아? 숙제하란다고 안 간다는
건 말도 안 되지.

민우 : 그때는 돈 냈다고 하니까 아까워서 그랬지요.

엄마 : 너, 자꾸만 말도 안 되는 소리 할래? 얼른 들어가서 숙제
나 해.

민우 : 안 할 거예요.

옆에 있던 아빠가 거든다.

아빠 ː 안 가겠다고? 아빠 생각에도 이번에는 엄마 의견을 따랐으면 좋겠는데. 너 한 번도 안 해본 거잖아. 형도 한다는데 해봐.

민우 ː 안 할 거예요. 엄마가 나를 존중하지 않았으니까.

아빠 ː 명령처럼 들려서 기분 나빴어? 네가 결정하고 싶었다는 거지?

민우 ː 맞아요. 안 해요. 학원은 가도 숙제는 안 해요.

아빠 ː 네 마음을 알 것 같아. 더운 여름방학이니 놀고 싶을 텐데, 매일 영어 공부하러 학원 가야 한다고 생각하면 얼마나 답답하고 괴롭겠니…. 게다가 첫 수업을 하기도 전에 숙제가 있다니 얼마나 속상해. 엄마가 급한 마음에 민우 의견도 묻지 않은 것 같던데, 특강 가겠다고 한 것만 해도 고마운 일이지.

민우가 눈물을 주르르 흘린다.

아빠 ː 아빠 생각에는 네가 외고 시험을 준비하고 싶어 하니까 이번 특강은 도움이 될 것 같아. 아빠는 우리 아들이 재미있게 공부하기를 원해. 또, 첫날부터 최선을 다했으면 좋겠고. 그럴 때 아빠가 편안하거든. 오늘 숙제 했으면 좋겠는데, 아빠 말이 어떻게 들려?

민우 〈 그게 좋겠어요. 그렇지만 숙제를 하긴 할 텐데, 제가 하고 싶은 시간에 할래요. 지금은 아무것도 하고 싶지가 않아요.

아빠 〈 좋아! 지금 하고 싶지 않으면 나중에 하자. 기분이 풀어지면 하도록 해. 오늘은 우리 민우 친구 해줘야겠다.

그날 밤 남편은 민우 방에서 놀다가, 이야기를 하다가, 불만을 들어주다가 하면서 아이가 숙제를 하겠다는 순간이 올 때까지 기다렸고, 숙제를 마치고 자게 했단다. 그 시간이 거의 2시였다니, 우리 아들 고집도 대단하고 우리 남편 끈기도 대단하다. 아무튼, 난 남편을 믿고 먼저 방으로 가서 잤다.

다음 날 아침 일어나 보니 안방 문에 종이가 붙어 있다. 그 종이에는 이렇게 쓰여 있었다.

窮寇莫追

난생처음 보는 사자성어다. 남편을 깨워 무슨 뜻인지 아느냐고 물어보니 자기도 모른다. 사전을 찾아보니 거기에는 이렇게 풀이되어 있었다.

窮 궁할 궁, 寇 도적 구, 莫 없을 막, 追 쫓을 추

'피할 곳 없는 도적을 쫓지 말라'는 뜻으로, 곤란한 지경에 있는 사람을 모질게 다루면 해를 입으니 건드리지 말라는 말이다.

그것참, 우리 부부는 서로 얼굴만 바라볼 뿐 할 말을 잊었다. 아이는 부모가 마치 궁지에 몰린 적을 쫓듯이 자기를 몰아붙인다고 느꼈나 보다. 그만 다그치라는 메시지도 있겠고. 마음이 찡한 게, 가슴 한편이 아리다.

민우 방으로 가서 발이며 어깨를 주물러주니 눈을 뜬다.

엄마< 엄마가 네 의견 묻지 않고 특강 등록하고 숙제하라고 해서 궁지에 몰린 것처럼 막막했어? 존중받고 싶고 자발적으로 공부하고 싶은데, 엄마가 그 중요한 것을 빼앗았구나. 그런데, 여보세요. 너희들을 키우면서 엄마도 궁지에 몰린 도적 같다고 느낄 때가 있어요. 엄마도 때로는 너희들 교육에 대해서 막막하고 두렵고 그래.

민우는 내가 전하려는 메시지와는 상관없이 눈을 반짝이며 말한다.

민우< 엄마가 '궁구막추'의 뜻을 아셨단 말이에요?

엄마< 어이구…. 몰라서 네이버에 물어봤더니 알려주더라. 너

키우면서 엄마가 별걸 다 배운다. 엄마를 키우는 우리 아들!

부모는 아이를 키우며 배운다. 나의 스승님을 오늘도 귀하게 대접해야겠다.

 아이의 일기

내 공부는 내가 알아서 해!

엄마의 욕심은 참을 수가 없다. 이 정도면 충분히 열심히 하는 편이라고 자부하는데, 엄마는 내가 무슨 공부하는 기계인 줄 아나 보다. 내가 정말 이해할 수 없는 것은 엄마가 나와 상의도 없이 학원을 등록하고, 일방적으로 통보했다는 것이다

난 셋째라서 억울한 게 많은데, 특히 공부에 관해서는 더 그렇다. 엄마는 누나와 형을 마루타 삼아서 이것저것 시도해보고는 내게 아주 확신에 찬 판단으로 밀어붙인다. 누나와 형에게 시도해서 결과가 좋지 않았던 것은 시도하지 않지만, 아쉽다고 생각하는 것은 내게 강력하게 요구한다. 이번 특강이 그렇다. 내가 알기로 누나는 중학교 여름방학 때 한 번도 특강을 들어본 적이 없다. 오히려 엄마는 여름방학 내내 우리 셋을 데리고 곤충교실도 가고,

미술 전시회나 음악회에도 데리고 다니셨다. 그런데 누나가 특강을 활용하지 못해 고등학교 가서 처진다며 형하고 나까지 엄마 마음대로 학원에 등록한 것이다.

난 그 영어 학원을 싫어한다. 그 학원은 학생들의 모든 것을 문자로 알린다. "김민우가 5분 늦었습니다." "김민우의 오늘 숙제가 부족합니다." "오늘 테스트에서 20개 문제 중 15개를 맞았습니다." "다시 복습시켜서 재테스트 후 통과 시에 귀가합니다." 아마도 내가 영어 학원에 가는 날이면 엄마에게 적어도 네다섯 통의 문자가 갈 거다. 나는 그 학원에 가면 늘 감시당하는 것 같아서 기분이 나쁘다. 내 친구는 나머지 수업에서 도망을 갔다가 바로 엄마한테 "태준이가 나머지 수업에 참여하지 않았습니다. 집에 도착하면 다시 돌려보내십시오"라는 문자가 가서 두들겨 맞았다고 했다.

나는 공부도 선택이라고 생각한다. 아무리 취지가 좋다고 해도 내 선택이 무시당하는 것은 참기 힘들다. '궁구막추'는 언젠가 한자 학습 만화책에서 본 것인데, 내 심정에 딱 들어맞아서 생각이 났다. 이번에 엄마한테 제대로 써먹었다. 엄마가 나보다 한자를 모르다니 의외다. 게다가 엄마도 나와 같은 심정일 때가 있다는 것은 더 의외다.

아이의 마음부터 읽어주기

엄마와 민우가 실랑이를 벌일 때 아빠가 참여하면서 대화의 분위기가 바뀌었네요. 비폭력대화로 풀어가면서 아이의 욕구와 부모의 욕구를 모두 충족시키는 방법을 찾아 실천할 수 있었던 것을 축하합니다. 2시까지 잠을 못 주무신 것은 애도해야 할 부분이지만, 자녀가 숙제할 시간을 선택하는 데 동의하고, 행동으로 옮기고 싶은 마음이 생길 때까지 함께 시간을 보내면서 기다려주고 도움을 준 것에 대해 박수를 보냅니다.

"명령처럼 들려서 기분 나빴어? 네가 결정하고 싶었다는 거지?"라고 아빠가 민우의 느낌과 욕구에 초점을 맞춰 말하시니 아빠 말에 귀를 기울이게 됩니다. "더운 여름방학이니 놀고 싶을 텐데, 매일 영어 공부하러 학원 가야 한다고 생각하면 얼마나 답답하고 괴롭겠니…. 게다가 첫 수업을 하기도 전에 숙제가 있다니 얼마나 속상해"라고 느낌을 읽어주자 민우가 눈물을 주르르 흘렸지요? 아마도 자기의 마음을 알아주는 것에 안도하며 흘린 눈물이었을 것입니다.

아빠의 욕구도 놓치지 않으셨어요. "아빠는 우리 아들이 재미있게 공부 하기를 원해. 또, 첫날부터 최선을 다했으면 좋겠고.

그럴 때 아빠가 편안하거든…." 이처럼 사춘기 자녀들과 이야기할 때, 부모로서 당부하고 싶은 교육적인 말은 아이의 감정이 가라앉은 이후에 하는 것이 좋습니다.

아빠가 민우와 성공적인 대화를 할 수 있었던 이유는 첫째, 아이의 느낌과 욕구를 충분히 읽어준 덕분입니다. 둘째는 공감대가 형성된 이후에 아빠가 원하는 것, 교육하고자 하는 바를 표현했기 때문입니다. 축하합니다.

| **자칼의 사춘기 4탄** | 나는 영웅민우다!

 엄마의 일기

기가 찬 영웅 심리

밤에 민우가 갑자기 요구르트를 가지고 와서 말한다.

민우 〈 엄마, 피곤하시죠? 요구르트 드실래요?

엄마 〈 안 먹을래, 살쪄.

민우 〈 이럴 땐 달달한 게 최고예요. 제가 까서 드릴까요?

엄마 〈 애가 오늘 왜 이리 서비스가 좋을까? 어디서 났냐?

민우 〈 급식실 아주머니가 주셨어요!

엄마:	왜?
민우:	제가 원래 어른들한테 인사 잘하잖아요.

좀 수상했지만 '우리 아들이 잘 웃고, 인사 잘하지…' 하며 지나갔다.

그다음 날, 하교 시간보다 3시간이나 늦게 들어온 아이는 마구 짜증을 부린다.

민우:	담탱이가 돌았어. 종이를 말아서 애들 어깨를 툭툭 때리질 않나. 임신을 하더니 예민 그 자체네, 참….
엄마:	뭔 일이야?

그때 담임선생님으로부터 전화가 왔다. 내 참, 기가 막혀서…. 전화의 내용은 이렇다. 며칠 전, 급식에 요구르트가 나온다는 사실을 안 10반 아이들 몇 명이 요구르트를 털기로 공모를 한다. 그 주동자가 우리 민우다. 4교시에 화장실에 다녀온다면서 친구 한 명과 교실을 나와 복도를 누비면서 다른 반 급식차를 공략해 총 다섯 반분의 요구르트를 꺼낸다.

요구르트를 못 먹었다는 아이들의 항의에 급식실 영양사 선생님은 도난 사건으로 인성부에 알린다. 범인을 잡으러 다니는 줄 모르는 주범 둘은 함께 모의했던 친구들과 나누어 먹다가 다른 아이들이 몰려오자 요구르트를 나눠 준다. 그리고 남은 것은 집으로 가져온다. 그걸 내가 먹은 거다. 아이고, 이 입을 그냥…. 범인 색출은 쉬웠으리라. 10반은 몽땅 먹었으니까. 화가 난 담임선생님은 관련된 아이들 11명에게 기합을 준다. 주동자 2명은 인성부로 가서 요구르트 값을 변상해야 한다는 말을 듣고 반성문을 쓴다.

주범 중 한 명의 어미인 난 또 반성문에 코멘트를 달아야 했다. 이번이 세 번째다.

그저 사춘기에 할 법한 행동이라고 보기에는 마음이 너무 안 좋습니다. 죄송합니다. 엄하게 가르치고 다시는 이런 일이 없도록 지도하겠습니다.

아이가 내민 세 번째 반성문에는 이렇게 쓰여 있었다.

수업 시간에 빠져나가 아무도 몰래 급식차에서 요구르트를 꺼낼 때의 스릴감, 확인되는 배짱, 그리고 아이들에게 나누어 줄 때 느껴지는 영웅 심리…. 제가 미쳤었나 봅니다. 그런 마음을 갖다니. 다시 생각하니 정말 유치하고 부끄럽습니다. 다시는 그런 생각도, 그런 행동도 안 하겠습니다.

아이고, 난 정말 못 하겠다. 엄마 노릇 말이다. 공감도, 기린도 도저히 할 수가 없다. 선생님의 전화를 받고 민우가 내민 반성문을 보자마자 나는 흥분한 상태로 아이에게 매를 때렸다.

"네가 생각해도 유치하고 부끄러운가 보지? 영웅이 될 게 없어서 그런 영웅이 돼? 이놈아, 엄마가 툭하면 이렇게 민망한 담임 선생님 전화를 받아야겠어? 누가 그렇게 가르쳤어, 엉?"

애한테 분풀이하고 나서 진정이 되자, 애를 마구 때린 것도 미안하고 기린 엄마가 되어 이야기를 들어주지 못한 것이 너무 아쉽고 슬펐다.

다음 날, 찬거리를 사러 나갔다가 요구르트도 샀다. 유기농이나 고급 요구르트 말고 20개를 묶어서 5,000원에 파는 그 요구르트를 사서 배짱 좋고 스릴을 즐기시는 영웅민우, 그분의 책상 위에 올려놓았다.

그때 책상 위의 일기장이 눈에 띄었고, 난 호기심에 어제 쓴 민우의 일기를 보고 말았다. 아뿔싸! 내가 왜 일기장을 그냥 지나치지 않았던가! 내용은 실로 기가 차다. 나한테는 화장실에 다녀오겠다고 하고 나갔다더니, 그 모든 것이 새빨간 거짓말이다. 기술 실습 시간에 몰래 빠져나왔단다. 너무 실망스럽다.

민우가 학교에서 오면 미안하다는 말과 함께 비폭력대화를 하려고 했는데, 일기를 보니 더 화가 난다. 민우를 키우면서 이런 일이 일어날 것이라는 상상조차 해보지 않았다. 민혁이는 워낙 호기심이 많고 행동이 빨라서 크고 작은 장난을 저지를 수 있다고 생각했지만, 민우는 워낙 순하고 착해서 늘 귀여운 막내아들로만 여겼는데…. 맥 빠지는 이 기분을 무엇으로 표현하랴. 그러나 이 것만은 분명하다. 나는 '영웅민우의 어미'라는 거.

요구르트 사건의 최후

4교시 기술 시간이었다. 기술실에서 실습을 하던 도중, 나와 한 명의 친구는 분위기를 보고 슬쩍 빠져나왔다. 실내화 주머니를 들고 복도에 있는 급식차마다 돌아다니며 요구르트를 빼내기 시작했다. 한 반 한 반 돌아다니며 요구르트를 봉지째 빼돌렸다.

이런 식으로 다섯 반을 턴 뒤, 다른 반 아이한테 실내화 주머니를 하나 더 빌려서 요구르트를 마저 다 넣고 다시 기술실로 슬쩍 들어갔다. 기술 시간이 끝나 교실로 돌아온 뒤, 우린 요구르트를 꺼내 마시기 시작했다. 친한 녀석들한테 한두 줄씩 나눠 주면서 우리가 줬다고 말하지 말라고 신신당부를 했으나 역시 영원한 비밀은 없었다.

몇 분쯤 지나자 꽤 많은 애들이 몰렸다. 그 애들은 요구르트를 요구했고, 처음엔 열심히 방어하며 고군분투했지만 그것도 잠깐, 결국 우리는 패배를 인정하고 요구르트를 풀었다. 우리 반 사물함 위는 순식간에 빈 요구르트 통으로 넘쳐났고, 뒤에 벌어질 일이 두려웠으나 축제 같은 분위기에 묻혀 걱정 따윈 잊어버렸다.

곧 영양사 선생님이 오셔서 우리에게 요구르트가 어디에 있냐고 물어보셨다. 우리는 당연히 모른다고 대답했다. 하지만 사물함 위의 빈 요구르트 통들은 어찌하랴. 우리 반의 요구르트 축제는 순식간에 진압되었고, 주범인 친구와 나는 인성부로 끌려갔다. 약간의 신체적인 벌을 받은 뒤에 우리는 정신적으로 고통받아야 했다. 반성문을 쓰느라 5교시 수업에는 못 들어갔으며, 수업이 모두 끝나자 담임선생님께 붙들려 혼나느라고 5시쯤에나 학교에서 나갈 수 있었다.

집에 돌아오자 엄마는 싸늘한 눈빛으로 살기를 내뿜고 계셨고, 나는 또다시 신체적 벌을 받아야만 했다. 그와 함께 따라오는 나의 마음을 헤집는 공격을 겨우겨우 견뎌내며 엄마께 반성문을 내밀었다. 사인이 필요하다고 말이다.

다음 날, 그래도 다행히 학교는 갈 수 있었다.

NVC 생각

자기 공감과 연결

이번에는 민우 엄마가 마음이 정말 힘드셨나 봐요. 기린 엄마의 꿈을 이루지 못하셨네요. 안타깝고 아쉽습니다. 그렇지만 괜찮습니다. 기린으로 듣고 말하는 것이 자연스럽게 이루어지지 않은 상태에서 나오는 자칼을 억지로 참고 기린이 되려고 한다면 우리의 연결은 끊어진답니다. 기린 엄마가 되어 이야기해도 자녀가 단절된 느낌을 받는다면 의미를 살리지 못한 것이겠지요?

민우 엄마가 자기 공감을 통해 자칼을 혼자서 해결할 수 있기를 바랍니다. (3부 5장 '나 자신과 연민으로 연결되기-자기 공감'을 참고해 연습해보세요.) 비폭력대화를 하는 목적 중의 하나가 '연결'이라는 것을 우리 모두 기억해요!

| 자칼의 사춘기 5탄 | 미안하다는 말 한 마디만 하시라고요

우리 모두 놀란 날

아빠 ⊰ 민혁이, 컴퓨터 너무 오래 하는 거 아니니?

민혁 ⊰ 제가 알아서 해요.

아빠 ⊰ 알아서 한다는 놈이 3시간째 컴퓨터에 붙어 있어?

민혁 ⊰ 다 이유가 있어서 그러니까 그냥 좀 두세요.

아빠 ⊰ 시험이 일주일도 안 남았다면서 동생보다 더 놀고 있는

데 어떻게 그냥 두니?

민혁 ː 과제 할 게 있어서 하는 거라니까요.

아빠 ː 조금 전에 하던 게임도 과제야?

민혁 ː 아빠는? 과제 자료 찾다가 너무 지겨워서 잠깐 한 거예
요. 제가 계속 게임하는 게 아니잖아요? 아빠가 저만 계
속 지켜본 것도 아니고.

아빠 ː 넌 어째 꼬박꼬박 말대꾸야? 학교에서 선생님들께도 그
러니?

민혁 ː 선생님들은 아빠같이 얘기 안 해요.

아빠 ː 너, 말 잘했다. 이 세상에 누가 아빠만큼 너에게 관심을
쏟겠어? 네가 이다음에 부모 돼봐라. 너한테 관심이 많
으니까 자꾸 잔소리도 하는 거야.

민혁 ː 관심 있다고 다 아빠같이 하지는 않아요. 그리고 관심은
제가 원할 때만 주시면 돼요.

아빠 ː 이 녀석이 정말! 내가 옆집 아저씨야? 아저씨라고 불러
라. 그러면 네가 원할 때만 관심 주마, 이 자식아!

민혁 ː 예, 아저씨!

아빠 ː 이 새끼가. 너, 이리 와!

남편은 화가 나서 아이에게 주먹질했다. 내가 말리면서 민우
를 부르자, 민우가 남편을 안방으로 데리고 들어갔고 나는 민혁이

를 소파에 앉혔다. 민혁이는 여전히 주먹을 쥐고 씩씩거렸다.

엄마⊇ 　놀랐지? 엄마도 많이 놀랐어. 아빠가 저렇게 흥분하시는
　　　　것은 20년을 같이 살았어도 처음 본다.

민혁이가 울기 시작한다.

엄마⊇ 　아빠가 컴퓨터 그만하라고 한 말씀이 그렇게나 기분 나
　　　　빴니?

민혁⊇ 　아빠는 제가 무엇을 했는지 잘 알지도 못하면서 시간 가
　　　　지고만 야단을 치시잖아요. 제가 고 1인데 공부 생각 안
　　　　하겠어요?

엄마⊇ 　너 나름대로 공부에 신경 쓰고 있는데 아빠가 몰라주시
　　　　니까 억울했어? 네가 알아서 한다는 것을 믿어주기 바랐
　　　　구나?

민혁⊇ 　예, 열심히 자료 찾다가 한 10분 정도 게임했을 때 아빠
　　　　가 보신 거거든요.

엄마⊇ 　잠깐 쉬려고 한 건데, 속상했겠네.

민혁⊇ 　전 아빠한테 이번이 두 번째 맞는 거예요. 엄마, 기억나
　　　　세요? 중 2 때 대들다가 아빠한테 잘못 맞아서 코뼈 다
　　　　쳤던 거?

270

엄마 ≤ 기억나지. 얼마나 마음 아팠었는데….

민혁 ≤ 그런데 그때 아빠는 저한테 미안하다는 말 한 마디도 안 하셨어요. 전 그때부터 아빠가 싫었어요.

그때, 남편이 안방에서 나오며 말한다.

아빠 ≤ 야, 이 자식아! 미안하니까 병원 데려갔지. 어떻게 미안한 게 없겠니? 겁주려고 하다가 잘못 쳐서 코뼈를 다쳤는데. 그걸 말로 해야 해?

민혁 ≤ 그럼요, 말로 하셔야지요. 전, 아빠가 저에게 미안해하는 거 몰라요. 그때 미안하다고 한 마디만 하셨으면 지금 아빠에 대한 제 감정이 이렇게 나쁘지는 않을 거예요.

아빠 ≤ …. 그래 미안하다. 그때는 실수였어. 널 뼈가 다치도록 때리려고 한 것은 아니야. 그리고 아빠는 더 깊이 소통하고 싶고 친밀감을 느끼고 싶은데 방법을 잘 몰라서 당황스러울 때가 많아. 네가 "미안하다"라는 말을 못 들어서 몇 년간 화가 나 있는 것도 몰랐다. 그때도 미안했고, 오늘도 미안하다.

민혁 ≤ ….

민혁이의 눈에 눈물이 맺힌다.

아빠의 첫 사과

드디어 오늘 아빠가 나한테 "미안하다"라는 말을 하셨다. 처음이다. 가끔 인터넷 강의를 틀어놓고 게임을 하면서 시치미를 뚝 뗄 때도 있지만 이번엔 정말 과제를 하고 있었다. 자료 찾다가 지루해져서 중간에 게임에 접속했던 것은 사실이지만, 정말로 자료 찾기를 하고 있었단 말이다. 그러나 아빠는 내 말을 전혀 믿지 않으셨다. 너무 화가 나고 억울해서 나도 아빠를 한 대 칠까도 생각했고, 내가 입원할 정도로 아빠가 때렸으면 좋겠다는 생각도 했다.

아빠는 누나한테는 아주 자상하고 동생하고도 잘 놀아주시지만, 나하고는 좀 적대적이다. 왜 그런지는 나도 모른다. 나한테는 장남의 책임을 운운하면서 위해주지는 않으신다. 우리 집에서 아빠에게 야단을 제일 많이 맞는 대상은 나다. 민서 누나는 대충 애교로 얼버무리고, 민우는 거의 모든 일이 무사통과다. 그래서 난 늘 억울하다.

오늘 아빠의 사과는 그래도 진심인 것 같다. "그때도 미안했고, 오늘도 미안하다"라고 말하실 때 아빠 눈에 고인 눈물을 봤기 때문이다. 내가 자라면서 아빠한테 딱 두 번을 맞았는데, 다시는 이런 일이 없기를 바랄 뿐이다.

솔직한 소통의 힘

민혁이와 아빠의 컴퓨터에 관한 대화는 소통을 방해하는 표현들이 많아서 들으면서 가슴이 조마조마했습니다. 그러나 엄마가 중간 역할을 잘해주셨네요. 민혁이의 억울함을 읽어주면서, 민혁이가 지난 일에 대한 자기 느낌과 욕구를 말할 기회를 주셨어요.

아빠도 하기 힘든 표현을 하셨고요. 아빠가 소통법을 잘 모른다고 솔직히 말하신 것이 민혁이의 가슴을 여는 데 도움이 되었을 것입니다. 아빠가 자신의 느낌과 욕구를 들여다보신 것과 민혁이의 느낌과 욕구에 초점을 맞추어 대화하신 것을 축하합니다. 친밀하게 지내고 싶고 소통하고 싶다는 욕구를 표현하신 것, 아들이 원하던 "미안하다"라는 말을 표현해주신 것도 모두 축하합니다.

05

나 자신과
연민으로 연결되기
-자기 공감

엄마의 일기

나는 자칼 엄마

시어머님께서 입원하신 병원에 들렀다가 집에 들어가고 있는데 민우 친구 엄마에게서 전화가 왔다. 시험이 끝나는 내일, 아이들을 영화관에 보내자고 한다. 영화 보고 햄버거 먹고 보드게임을 하고 돌아오게 할 예정이라는데, 우리 아이 것까지 예매하겠다며 허락하겠느냐고 묻는다. 잠시 고민하다가 거절했다. 최근 한 달 사이에 친구들과 몰려다니며 일을 만든 것도 있고, 또 이번 시험 준비를 너무 소홀히 한 점, 요즘 민우의 태도…. 그러나 가장 큰 이유는 강남까지 가서 아이들이 몰려다니는 게 마음이 편치 않아서다. 그리고 그 계획으로 들떠서 오늘 해야 할 내일 시험 준비에 소홀할 게 분명하다는 점도 한 이유였다.

민우는 그동안 학교에서 세 번 반성문을 썼다. 첫 번째는 사생대회 때 그림을 대강 그려서 내고 피시방에서 놀다가 선생님께 들키는 바람에 그 반 남학생 11명이 벌을 받았다. 그 일로 아이는 물론 나와 남편까지 반성문을 써야 했다. 두 번째는 하교해서 집으로 오는 길에 남의 집 벨을 누르고 문을 찬 후 도망가다 주인아주머니에게 걸려서 학교에 신고가 들어가 함께 행동한 7명이 일주일간 봉사활동을 하며 반성문을 썼다. 또, 얼마 전에는 급식 때 나온 요구르트를 빼돌렸다가 들통이 나서 반성문을 썼다.

연이은 장난으로 민우는 담임선생님의 신뢰를 잃었다. 2학기 회장 선거에 후보로 나갔던 아이는 담임선생님한테서 "넌 출마할 수 없어"라는 소리를 들었단다. "출마를 못 하는 이유가 뭔가요?"라는 민우의 질문에 "나만이 가지고 있는 기준이고, 그건 담임 권한이야"라고 하셨단다.

담임선생님도 나만큼 극도로 예민해져 있나 보다. 하긴 집에 사춘기 아이 한 명이 있는 것도 힘든데, 한 반에 그 괴상한 아이들이 30명이나 우글우글하니 어찌 예민해지지 않으리. 서운하기는 하지만 우리 애가 몇 번의 장난을 심하게 쳤기 때문에 난 할 말도 없고, 한편으로는 우리 애를 경계하는 선생님의 마음도 이해가 간다. 그 선생님도 배 아파서 아기를 낳고 가슴 쓰려가며 아이를 키워보면 달라지시겠지.

집에 들어서자마자 민우가 말을 걸어온다.

민우 〈 영진이 엄마 전화 받으셨어요?

엄마 〈 거절했어. 엄마도 반대고, 아빠도 허락하지 않으실 거야.

민우 〈 왜요?

엄마 〈 너, 그동안의 일을 생각해봐라.

아들은 어이없다는 표정이다. 그러더니 바로 아빠에게 전화한다. 아빠 역시 반대라고 했는지, 전화를 끊자마자 투덜대며 신경질을 내더니 방으로 들어간다.

그동안 나는 꾸준히 비폭력대화법을 배워왔다. 뭔가 다른 엄마들과는 달라야 하지 않을까? 난 아이들과 친밀함을 유지하며 연결되고 싶고 소통하고 싶다. 마음을 가다듬고 아이와 대화를 시도하기로 마음을 먹었다. 더군다나 시험이 내일 하루 남았는데 마음을 편안하게 해주고 싶었다.

그런 바람으로 심호흡을 하고 민우 방으로 갔다. 그런데 책상 위에 일회용 플라스틱 컵을 갈기갈기 조각낸 것이 보인다. 그 장면이 나를 자극했다.

엄마 〈 뭐 하는 짓이니? 지금 시위하는 거야?

민우:	그렇게 여러 말 하지 마시고 그냥 "하지 마라!" 한 마디만 하세요. 그냥 좀 내버려두시라고요.
엄마:	네가 그냥 놔두면 그만해야 말이지. 책상 위엔 늘 조각하다 만 물건들이 가득하고, 지우개로 장난치고, 종이 개구리 만들어서 점프시키고 있고….

난 정말 민우의 손장난 때문에 스트레스를 받는다. 조용해서 방으로 가보면 공부를 하는 것이 아니라 유치원생처럼 뭔가 만들면서 신나게 놀고 있다. 키는 매일 커나가는 놈이 생각은 왜 안 자라는지…. 물론 여러 이론에 따르면 그것을 장점으로 키워줄 수 있다지만, 엄마로서는 난감할 뿐이다. 우리 부부는 아이의 그런 모습을 볼 때면 "쟤, 놀이 치료하나 봐" 하면서 웃기도 하지만, 좀 더 생산적인 활동을 하기를 바라는 건 공통의 바람이기도 하다.

민우는 내게 더 거칠게 대들기 시작한다.

민우:	다른 아이들은 피시방에, 영화관에 다 가는데 왜 나만 못 가는데요? 친구들과 못 놀게 하고, 밤에 못 나가게 하고, 게임도 못 하게 하고…. 중학교 2학년이나 됐는데 왜 초딩 수준으로 보호하려는 거예요? 나처럼 부모 통제받고 사는 애가 있는 줄 아세요?
엄마:	그동안 네가 한 행동을 잘 생각해봐. 왜 너를 안 보내고

싶은지.

민우 : 컴퓨터도 엄마같이 규제하는 사람은 없어요.

그 순간, 너무 화가 나서 목덜미를 한 대 쳤다.

엄마 : 야! 도대체 엄마가 얼마나 더 참아야 하는 거니? 어떻게
해야 정신을 차릴 거야?

민우는 울면서 악을 쓴다.

민우 : 열다섯 나이에, 170센티미터 키에, 엄마한테 맞으며 사
는 아이는 나밖에 없을 거예요! 나보다 더 큰 사고를 치
고 다니고 공부를 못하는 애도 수두룩한데…. 그 부모들
은 그것을 다 참고 사는데, 엄마는 장난치다가 걸린 것도
야단치고…. 엄마한텐 공부 안 하고 말썽만 부리는 애들
은 안 보이지요?
엄마 : 엄마도 너무 힘들어.

한 대 친 게 미안하기도 하고, 대드는 아이 모습에 기운이 빠
져서 애원하듯 말했으나 아이는 더 심한 말을 한다. 아무래도 우
리 애가 미친 거 같다.

민우 : 엄마는 미성숙하잖아요. 가끔 울기도 하며 감정 표현 다 하고, 하고 싶은 말 다 하고, 때리고 욕도 하면서 뭐가 힘들어요? 전 성숙해서 다 참아 넘기고 감정 표현을 절제하는 거예요.

이젠 나도 못 참겠다. 감정 표현 다 하고 산다는 아이 말에 흥분해 아이를 쏘아보며 말했다.

엄마 : 감정 표현 다 한다고? 엄마가 너 키우면서 흘리고 싶은 눈물 다 흘렸으면 바다가 넘칠 거다.

아이는 한 치도 물러서지 않는다.

민우 : 바다가 만들어지는 원리를 모르시는 거 아니잖아요? 과학적으로 근거 없는 말은 하지도 마세요. 온 세상 사람이 흘린 눈물 다 모아도 바다가 넘치겠어요? 논리적으로 말하시고, 비약하지 마세요.

엄마 : 너랑 말하기 참 힘에 겹다. 말이 통해야지…. 그만하자.

민우 : 미성숙하게 대처하지 마세요.

엄마 : 너나 미성숙하게 굴지 마, 이 자식아!

279

아이를 한 대 더 때렸다. 이쯤 되면 더 이상 말을 섞지 않는 것이 상책이다. 노여움이 극에 달해서 안방에 들어가 엉엉 울었다. 민우 위로 두 아이를 키운 덕에 사춘기의 특징도 잘 알고, 비폭력대화법도 오래 공부하고 있다는 엄마가 아이의 마음을 공감하지도 못했고 자기 공감도 못 했다. 애석하고 아쉽다.

민우는 따뜻한 아이다. 감성적이고 유쾌한 소년이다. 민우의 따뜻한 인간성을 회복시키려면 그 아이에게 공감해주고 어떤 상황에서도 사랑해주는 길밖에 없음을 잘 알면서도 아이가 던져놓은 돌부리에 걸려 쾅당탕 넘어지고 말았다. 그것도 처절하게 널브러진 모습으로. 이보다 더 완벽한 자칼쇼가 어디 있을까!

 아이의 일기

난 지금 속상해

'요구르트' 사건 이후 2주가 지났다. 시험 기간이다. 솔직히 내가 열심히 공부하지는 않지만, 평균 85점 이상은 나오고 있다. 시험 끝나기 바로 전날, 나는 친구들한테서 내일 영화관에 가자는 제안을 받았다. 같이 사건을 저지른 애도 있지만, 한 명은 회장도 하고 우리 반에서 꽤 조용하다고 평가받는 놈이다. 나는 엄마가 반대할까 봐 시험이 끝나고 영화관에 간다는 것을 숨겼다. 하지만, 친구

어머니가 우리 엄마한테 말해버렸다.

엄마와 아빠는 합동 작전으로 나의 영화 관람을 막았다. 정말 치사하다. 엄마는 언제 쓰려고 비폭력대화를 배우는 건지…. 엄마가 막말을 하기에 나도 막말을 해버렸다. 엄마도 나한테 못하는데 내가 잘해야 할 이유는 없다. 난 지금 속상하다.

NVC 생각

첫 발걸음은 나 자신에게 공감하기

이 세상의 모든 엄마들은 자녀를 키우면서 많은 갈등과 방황을 합니다. 자신이 자녀를 키우는 방식에 대한 확신이 없어서 늘 고민하고, 지나고 나면 후회되는 일들이 참 많지요.

자칼쇼는 누구나 할 수 있습니다. 자칼쇼 다음에 어떻게 나 자신과 연결되느냐가 더 중요하지요. 자칼쇼를 한바탕하고 나서도 빠른 속도로 자녀와 관계를 회복하고 자녀가 엄마의 사랑을 확인할 수 있게 해줄 방법을 한 가지 소개하려 합니다. 자신에게 공감하며 나 자신과 연민으로 연결되는 작업이 그것입니다.

다음에 제시된 순서대로 여러분의 영혼과 마음을 껴안아주세요. 따뜻하고 부드럽게 연결되고 사랑이 우러나오는 기린의 태도를 다시 갖추게 될 것입니다. 나 자신과 연민으로 연결될 때 자칼의 말과 행동을 하는 나 자신과도, 끊임없이 대드는 아이와도 깊은 공감을 할 수 있습니다. 지금 이 순간에도 사춘기로 몸살을 앓는 자녀들과 힘겨운 싸움을 하는 부모들에게 다음의 과정을 소개합니다.

나 자신과 연민으로 연결되는 순서

1. 후회되는 일을 기억하기
2. 느낌을 느끼기
3. 관찰로 표현하기
4. 자칼을 쏟아내기
5. 자칼 뒤에 숨은 욕구 찾기
6. 충족되지 않은 욕구와 느낌에 연결되기
7. 자기 용서하기
8. 새로운 욕구에 대한 선택과 스스로에 대한 부탁

다음은 엄마가 민우와 벌인 자칼쇼를 후회하면서 자신을 용서하는 과정입니다. 여러분도 다음에 소개된 과정에 따라 자기 자신과 연민으로 연결되어 보세요.

① 후회되는 일을 기억하기

아이와 서로 미성숙하다고 비판하며 싸우고, 아이를 때렸다.

② 느낌을 느끼기

그 사건을 생각하면 지금도 서글프고 아쉽다. 아이에게 미안하다.

③ 관찰로 표현하기

시험이 끝나는 날 영화관에 보내자는 아이 친구 엄마의 제안을 거절했고, 아이와 말싸움을 하며 두 대 때렸다.

④ 자칼을 쏟아내기

실제로 한 자칼의 말과 마음속에 품었던 자칼 생각, 내가 보인 자칼 태도를 모두 정리해본다.

"너, 그동안의 일을 생각해봐라."
"뭐 하는 짓이니? 지금 시위하는 거야?"
"네가 그냥 놔두면 그만해야 말이지."
"도대체 엄마가 얼마나 더 참아야 하는 거니? 어떻게 해야 정신을 차릴 거야?"
"엄마가 너 키우면서 흘리고 싶은 눈물 다 흘렸으면 바다가 넘칠 거다."
"너랑 말하기 참 힘에 겹다. 말이 통해야지…."
"너나 미성숙하게 굴지 마, 이 자식아!"

'어쩜 저리도 뻔뻔할까? 반성문을 세 번이나 쓰고 담임으로부터 전화 받게 하면서 부모에게 미안한 게 전혀 없네. 엄마가 얼마나 창피했는지 알기나 할까?'

'비폭력대화를 오래 배웠으면 뭐해. 이렇게 싸우면서⋯. 한심하다, 한심해.'

우리는 '내 안의 자칼'을 잘 들여다볼 필요가 있다.

비폭력대화에서는

자칼이 나쁘다고 하는 것도 아니고

자칼을 하지 말라고 하는 것도 아니다.

내 안에 들어 있는 자칼을 모두 꺼내보면

충족되지 않은 자신의 욕구를 명료하게 볼 수 있다.

자칼과 친하게 놀며

내 안의 기린과 손을 잡자.

⑤ 자칼 뒤에 숨은 욕구 찾기

자칼의 말과 생각, 태도 뒤에 숨은 나의 욕구를 모두 찾아본다.

- 존중받고 싶다.
- 아이가 정직하게 자라기를 바란다.

- 소통을 잘하고 싶다.

- 육아에 최선을 다한 것을 알아주기 바란다.

- 편안하게 지내고 싶다.

- 내 마음의 평화가 중요하다.

- 아이의 안전과 안녕, 행복이 중요하다.

- 내가 배운 만큼 실천할 수 있기를 바란다.

⑥ 충족되지 않은 욕구와 느낌에 연결되기

충족되지 않은 욕구에 대해서 어떤 느낌이 드는지 살펴보고, 이 느낌들 안에 충분히 머무르면서 슬퍼하며 애도한다.

- 아쉽다.

- 안타깝다.

- 슬프다.

- 답답하다.

- 실망스럽다.

- 가슴이 먹먹하다.

⑦ 자기 용서하기

아이와 모진 말을 주고받고 아이를 때리면서까지 자칼쇼를 할 때도 충족시키고자 했던 욕구가 있었음을 알아차리고 그 당시의 느낌에 머무른다.

- 외부 환경으로부터 아이를 안전하게 보호하고 싶었다.
- 내가 중요하게 생각하는 것들을 이해받고 싶었다.
- 아이가 자신의 부족한 점을 알아차리도록 돕고 싶었다.

우리의 모든 행동에는 욕구와 가치가 깃들어 있다.
기린이 되어 자신의 마음에 귀 기울일 수 있을 때,
나의 후회되는 행동이나 후회스러운 말에도
그 순간 충족시키고자 했던 욕구가 있었음을 알아차릴 수 있다.
후회되는 선택을 했던 순간에도
우리는 우리의 삶에 기여하고자 했음을 이해하게 될 때,
우리는 연민으로 내 자신과 연결되고
그 순간 자기 용서는 가능해진다.

⑧ 새로운 욕구에 대한 선택과 스스로에 대한 부탁

'나 자신과 연민으로 연결되기-자기 공감' 과정을 통해 자신에 대한 따뜻한 마음을 회복하고, 욕구가 명료해지면서 새로운 욕구를 선택할 수 있다. 그 욕구를 명확히 인식하면서 자기 자신에게 부탁을 한다.

"난 아들에게 무한한 사랑을 전하고 싶다. 아이가 어떤 행동과 말을 하더라도 큰 사랑으로 감싸주고 아이가 몸과 마음이 건강한 사람으로 자라기를 소망한다. 앞으로 다시 아들과 갈등이 생길 때는 나의 욕구를 기억하며 아이에게 충분히 공감하는 말을 할 수 있도록 노력하자."

기린의 언어로 바꾸기

비폭력대화로 풀어내지 못한 대화를 다시 기린의 언어로 바꿔보는 연습을 할 필요가 있습니다. 그럼으로써 다른 갈등 상황에서도 자녀에게 공감을 표현하는 기린의 언어를 선택할 역량을 갖출 수 있어요.

연습 방법은 자녀가 한 말에 자극받아 쏟아낸 자칼의 말을 기린의 언어로 바꾸면서 욕구의 에너지를 느껴보는 것입니다. 앞의 사례를 보기로 삼아 다음과 같이 연습해보세요.

"여러 말 하지 마시고 그냥 '하지 마라!' 한 마디만 하세요"

기린 귀 안

관찰 "여러 말 하지 마시고 그냥 '하지 마라!' 한 마디만 하세요"라는 말을 들었을 때

느낌 엄마는 서운하고 난감해.

욕구 나는 지금 대화가 필요하고, 엄마의 의견도 존중받고 싶

거든.

부탁   엄마 말이 어떻게 들려?

기린 귀 밖

관찰   "여러 말 하지 마시고 그냥 '하지 마라!' 한 마디만 하세

요"라고 말하는 것을 보니

느낌   답답한가 보구나.

욕구   명료한 게 필요한 거지?

부탁   엄마가 정확하게 표현했으면 좋겠어?

"엄마는 미성숙하잖아요"

기린 귀 안

관찰   네가 엄마에게 미성숙하다고 말했을 때

느낌   황당하고 불쾌했어.

욕구   엄마는 서로 존중하기를 원하고 이해받고 싶어.

부탁   다음부터는 관찰로 표현해줄 수 있을까?

기린 귀 밖

관찰   네가 엄마에게 미성숙하다고 말하는 것을 보니

느낌   기분이 나쁜가 보구나?

욕구   존중받고 싶고, 상호 작용이 잘됐으면 좋겠어?

부탁   엄마한테 성숙하게 변화하라고 부탁하고 싶어?

늘 비폭력대화를 실천하며 살기는 힘들다.

그렇다고 비폭력대화가 필요 없는 것은 아니다.

아쉽게도 기린의 언어를 사용하지 못하고 자칼로 싸웠을 때도

후회되는 상황을 놓고 우리 자신의 마음속 소리에 귀를 기울이면

숨은 욕구를 발견할 수 있고,

이렇게 연민으로 연결되는 순간에 자기 자신을 용서할 수 있다.

06

힘을 쓰는 일

엄마가 힘 좀 써야겠어!

요즘 민우와 자주 부딪치다 보니 관계가 악화되고 있다. 유난히 순했던 민우에게도 사춘기는 찾아왔고, 형이나 누나보다 더 다양한 경험을 하게 한다. 늘 엄마 심부름을 즐거이 하고 종알종알 떠들면서 귀여움을 받았던 그 시절은 이제 다시 돌아오지 않으려나.

그날도 민우와 공부에 대해 이야기하고 있었다. 야무지게 공부하고 자기 앞가림을 잘하는 민서나, 자기 진로를 고민하며 엄마와 상의하는 민혁이와는 도대체 비교가 되지 않는다. 아기같이 어리광이나 부리고 먹는 타령만 하는 우리 민우. 그에게 공신(공부의 신)은 언제나 강림하시려는지.

엄마ː 민우야. 너 집에 오기 바로 전에 학원에서 전화 왔었어. 엄마 너무 깜짝 놀랐는데, 지난주에 세 번 다 1시간 반씩 늦었다고 하시더라. 그전에도 자주 늦었다고 하시네. 사실이야?

민우ː ….

엄마ː 엄마는 네가 매번 시간 맞춰서 나간 걸로 기억하는데, 무슨 일이 있었는지 이야기해줄래?

민우ː 셔틀버스 같이 타는 애들이 놀자고 꼬셔서 피시방 가서 놀다가….

엄마ː 같이 논 친구들이 누구누구인지 말해줄 수 있어?

민우ː 아니요. 말 못 해요.

엄마ː 말하기 난처해?

민우ː 배신자가 되기는 싫어요.

엄마ː 네가 친구 이름을 엄마한테 말하는 것이 친구들을 배신하는 짓이라는 생각이 들어?

민우ː 당근이지요.

엄마ː 지난달에도 너 학원 안 가고 도망친 적 있지? 그때 너랑 대화하고는 그냥 지나갔는데, 이번에는 가만히 못 있어.

민우ː 어쩔 건데요?

엄마	힘을 쓰려고.
민우	어떻게 힘을 써?
엄마	엄마는 너를 보호해야 하거든. 학원 빠지고 놀자고 꼬드기는 친구들과 못 놀게 할 거야.
민우	그게 무슨 보호야? 난 그런 보호는 필요 없어요. 나도 이제 중딩이야, 뭐.
엄마	중딩이어도 엄마가 너를 보호해야겠다는 생각이 들면 그럴 수 있어. 이제부터는 학원 셔틀버스 타지 마. 엄마가 같이 가서 학원 들어가는 거 확인할 거야.
민우	엄마는, 쪽팔리게…. 누가 학원을 엄마랑 같이 가요?
엄마	창피해도 같이 갈 거야. 아까도 말했지만 너를 그 친구들이나 게임으로부터 보호하는 게 중요하니까. 내일부터 엄마랑 가는 거다?

아이의 일기

무슨 힘?

피시방에 가야 하는 이유는 여러 가지다. 요즘 롤(LoL, League of Legends)이라는 온라인 게임을 시작했는데 재미있다. 롤은 한 팀에 5명씩 팀으로 하는 게임이다. 같은 학원에 다니는 친구들 중에

마침 5명이 친해서 팀을 만들었는데, 우리 팀은 강력하다. 나 혼자는 게임을 멈출 수 없어서 엄마가 컴퓨터에 오래 앉아 있지 못하게 하는 집에서는 하기 힘들다. 게다가 서로 대화하면서 게임을 하니까 시끄럽다고 혼날 가능성이 크고, 가장 중요한 이유는 피시방 컴퓨터가 집에 있는 컴퓨터보다 훨씬 속도가 빠르다.

영어 학원 레벨이 올라가고 나서는 너무 어렵고 재미없다. 그러던 차에 셔틀버스를 함께 타고 다니는 명준이와 성욱이가 롤을 하자고 제안했고, 우리는 여러 번 학원 옆에 있는 피시방에서 게임을 하다가 좀 늦게 들어갔다.

우리 다섯은 모두 반이 달라서 들킬 염려가 없다고 생각했다. 재수 좋으면 외국인 선생님 수업에는 늦게 들어가도 들키지 않을 때도 있다. 그런데 비밀은 오래가지 않았다. 엄마가 알아버렸으니 큰일이다. 그렇지만 명준이와 성욱이, 준호, 지환이 이름까지 알려줄 수는 없다. 우리 엄마 성격으로는 분명히 걔네 집에 전화해서 이 사실을 모두 알리고 엄마들이 합동으로 감시를 하자고 할 거다.

암튼 울 엄마는 날 보호하기 위해서 힘을 쓰겠단다. 그 힘은 엄마랑 같이 학원에 가는 거란다. 큰일이다. 엄마는 한번 한다면 하는 사람인데, 이 위기를 어떻게 넘겨야 할까?

보호를 위해 힘쓰기

민우 엄마는 제시간에 학원에 들어가지 않고 피시방에서 새로 유행하는 게임을 하며 놀다가 가는 민우에게 '보호하기 위해 힘을 쓴다'는 표현을 하셨어요. 그리고 그 방법으로 아이와 함께 학원에 가서 교실로 들어가는 것을 확인하겠다고 하시네요. 민우 엄마는 '보호를 위한 힘'을 사용하고 계신 걸까요? 이 경우에는 보호를 위한 힘을 사용한 것이라고 보기에는 모호합니다.

　비폭력대화에서 보호를 위한 힘은 매우 급한 상황에서 생명을 보호하기 위해서, 또는 개인의 권리와 삶을 보호하기 위해 사용됩니다. 너무 위급해서 대화할 시간이 없거나 상대에게 대화할 의사가 없을 때는 앞의 목적을 위해서 대화 없이도 보호를 위한 힘을 쓸 필요가 있습니다.

　엄마는 비폭력대화를 나누고자 대화를 시도했습니다. 하지만 민우의 느낌과 욕구를 충분히 파악하지 않은 상태에서 자신이 하고 싶은 이야기를 했습니다. 조금 더 천천히 대화를 진행했으면 좋았을 것이라는 아쉬움이 있네요. 민우가 학원 공부에 대해 어떤 느낌이 있는지, 또 어떤 욕구가 채워지지 않아서 학원 수업에 흥미를 못 느끼는지, 피시방을 다니면 어떤 욕구가 채워지는지에 대해 충분히 이야기를 나눌 필요가 있습니다. 그 후에 학원에 늦지 않기를 바라는 엄마의 욕구는 무엇인지에 대해 이야기를 나누었으면 해요.

민우의 욕구는 무엇이었을까요? 재미와 자유, 존재감, 성취, 도전과 휴식이 아니었을까요? 그렇다면 엄마의 욕구는 무엇이지요? 민우가 제시간에 도착해서 공부를 열심히 하면 엄마는 어떤 욕구가 충족되나요? 아마도 엄마는 민우가 영어 공부를 열심히 하면서 외국어 능력을 키우면 안심할 수 있고, 민우가 학원에 가 있는 시간 동안 홀가분하고 편안할 수 있을 것입니다.

민우와 엄마가 서로 상대편의 느낌과 욕구에 공감할 수 있다면, 두 사람의 욕구를 모두 충족하는 해결 방법을 찾을 수 있을 것 같은데 여러분은 어떻게 생각하세요?

방법을 찾고 서로 합의해 약속을 정한 후에 민우가 약속을 지키지 못했을 때는 다시 대화를 통해 조정할 수 있습니다. 만일 대화를 통해 '다시 게임을 하느라고 학원에 빠지는 일이 있다면 집에서 컴퓨터를 일주일간 사용할 수 없다'고 민우가 제안하고 엄마가 합의했다면 어떨까요? 민우가 약속을 어겼을 때 엄마가 컴퓨터를 일주일간 사용하지 못하도록 하는 것은 보호를 위한 힘의 사용입니다.

●● 보호를 위한 힘과 처벌을 위한 힘

비폭력대화에서 힘은 '보호를 위해 사용하는 힘'과 '처벌을 위해 사용하는 힘'으로 나뉩니다. 자녀를 보호하기 위한 것인지, 아니면 자녀를 처벌하기 위한 것인지는 힘을 사용하는 부모의 의도를 살펴보면 구분할 수 있습니다. 예컨대 엄마가 지나가다가 친구 자전거 뒷자리에 선 채로 올라타서 속도감을 즐기는 아이를 보고서 위험을 느껴 내려오게 했다면 사고를 당하지 않도록 보호를 위한 힘을 사용한 것입니다. 그러나 "정신이 있니, 없니? 한심하기 짝이 없다. 그러다가 뇌진탕이라도 오면 어쩔 거냐?"와 같은 비난으로 야단을 치거나 쥐어박는다면, 그것은 처벌을 위한 힘을 사용한 것입니다.

보호하려고 힘을 쓸 때는 자녀를 비판하거나 판단하지 않습니다. 오직 보호하고자 하는 생명이나 인권에 초점을 두고 힘을 씁니다. 그러나 처벌하려고 힘을 쓸 때는 판단을 하고 평가를 해서 바로잡아 고치려고 합니다.

부모가 자녀를 키우면서 매를 사용하거나 벌을 줌으로써 처벌을 위한 힘을 쓴다면 어떻게 될까요? 자녀들은 매나 벌에 대한 공포나 아픔 때문에 부모의 사랑을 이해하기 어렵습니다. 오히려 반발심이 더 커져서 더욱 위험한 행동을 저지를 수도 있겠지요.

보호인가, 처벌인가?

다음에서 부모가 자녀를 보호하기 위해 힘을 사용한 경우를
골라보세요.

1 베란다 창문을 열고 친구에게 소리치는 딸에게 "당장 창
   문을 닫고 안으로 들어와라. 앞으로는 베란다 창문을 열고
   내려다보거나 난간에 서서 대화하지 마"라고 말했다.

2 성적표를 받아 든 엄마가 "지난번보다 성적이 떨어졌으니
   컴퓨터와 스마트폰 사용을 금지할 거야"라고 말한다.

3 코로나19가 걱정된 아빠가 외출했다 돌아온 아이들에게
   샤워하게 했다.

4 음식점에서 장난을 치며 뛰어다니는 아이들을 붙잡아서
   앉히며 "뜨거운 음식에 델 수도 있고, 다른 사람들 식사하
   는 데 방해가 되니 가만히 앉아서 먹어"라고 말한다.

5　음식점에서 뛰어다니는 아이들에게 공중도덕을 지키지 않았으니 디저트로 나오는 아이스크림을 먹지 말라고 한다.

6　자녀들을 음란물로부터 보호하기 위해 음란물 방지 프로그램을 컴퓨터에 설치했다.

7　학교 다녀온 후 손을 씻지 않는 아이에게 "어쩌면 너는 위생 관념이 없니? 게으른 데다 더럽기까지 해. 얼른 손 못 씻어?" 하고 소리친다.

8　"늦게 들어왔으니 저녁에 설거지해"라고 말한다.

9　"스케이트보드를 타려면 헬멧을 써라"라고 말한다.

10　아이가 대드는 모습에 화가 나서 주먹으로 세 대 때렸다.

연습 문제에 대한 민우의 대답

1　저는 이 문항이 엄마가 딸의 생명이 위험하다고 느껴 딸을

보호하기 위해 힘을 쓰셨다는 생각이 드네요.

2 제가 보기에는 성적이 떨어진 것에 대한 벌인데요!

3 아빠는 아이들이 코로나19에 감염이 될까 봐 걱정하시는
   군요. 자녀들이 안전하기를 바라시네요. 보호하기 위한 힘
   입니다.

4 빙고! 음식을 나르는 사람과 부딪쳐서 뜨거운 음식에 델
   수 있고 그릇이 떨어져서 다칠 수도 있겠는데요. 보호를
   위해 힘을 사용하셨네요.

5 이런, 이 번호를 선택하셨다면 저와는 의견이 다르네요.
   식당에서 뛰었으니 아이스크림을 못 먹는다는 것은 완벽
   한 벌이겠는걸요.

6 보호를 위해 힘을 사용하신 거네요! 요즘엔 제가 보기에도
   음란물의 강도가 심합니다. 저도 여러 경로를 통해 가끔
   보는데, 후유증이 없지 않답니다. 음란물 방지 프로그램을
   설치해도 파일로 내려받는 것을 막을 수가 없어요. 늘 부

모의 세심한 관심이 필요해요.

7 엄마가 저런 식으로 말하신다면 보호를 위한 힘을 사용하는 거라고 저는 볼 수 없겠는데요.

8 이건 벌이지요. 아이가 참 안됐네요.

9 보호하기 위한 힘을 썼다는 것에 동의해요. 스포츠를 할 때는 보호 장비를 갖추고 즐기는 게 중요하지요!

10 대들어서 아빠한테 주먹으로 맞는 경험을 한다면 다음에는 아빠에게 대들지 않을지도 몰라요. 하지만 그것은 아빠에게 맞기 싫어서이지, 아빠를 존중해서는 아니라는 것을 알아두세요. 이 상황이 보호를 위해 힘을 사용한 상황에 해당한다고 판단하셨다면, 저랑은 생각이 달라요.

감사하기

아이는 선물이다

오늘은 비폭력대화 수업 마지막 시간이다. 그동안 아이들과 갈등을 풀어나가는 방법에 변화가 생겼고, 나의 욕구를 충족시키기 위해 노력하면서 나 자신을 돌보게 되었다. 나는 고민하다가 선생님께 카드를 한 장 썼다.

> 선생님! 전 지금 기쁘고 행복합니다. 아이들을 존중하면서 친밀감을 느끼고 소통할 수 있기를 바랐는데, 비폭력대화를 통해 그런 방법을 배웠습니다. 변화할 수 있게 도와주셔서 감사해요.

마지막 날 수업 주제는 '감사'였는데, 수업을 들으면서 그동안 내가 아이들을 조종하기 위해 감사와 칭찬의 표현을 사용한 적이 많다는 사실을 깨달았다. 예컨대 "1등을 하다니 대단한데! 자랑스러워. 다음에는 더 열심히 하기다"라거나, "넌 정말 예쁜 딸이야. 어쩌면 이렇게 엄마 마음을 잘 헤아려줄까?"와 같은 칭찬은 계속 공부를 잘하고 앞으로도 엄마 편이 되라는 의도를 가진 말이다. 거꾸로 말하면 1등을 하지 못하면 자랑스럽지 않고, 엄마 마음을 헤아려주지 않으면 예쁘지 않다는 말이 될 수도 있다. 판단이나 평가를 통해 감사를 표현하거나 칭찬을 하면 순수한 기쁨을 주고받기 어려울뿐더러 의례적인 인사치레로 흐르기 쉽다.

지난 어버이날이 생각난다. 세 아이가 각자 카네이션과 카드를 준비해서 내밀었다.

민서 〈 저는 늘 웃음이 있는 화목한 우리 집에서 살 수 있어서 행복해요. 저를 낳아주셔서 감사해요.

민혁 〈 아빠, 엄마! 좋은 음식을 먹여주시고 교육해주셔서 감사합니다. 어버이날을 축하드려요.

민우 〈 포기하지 않고 저를 하나하나 가르쳐주셔서 감사합니다. 아빠, 엄마! 사랑해요.

아이들에게 받은 감사 카드를 읽고 또 읽으면서 나는 온종일 행복했다. 철이 없는 것 같으면서도 낳아주고, 교육해주고, 화목하게 살도록 도와주는 것에 대해 고마움을 느끼고 그 마음을 표현하는 아이들이 진심으로 고맙다.

'감사 표현'을 새롭게 배운 만큼, 나도 남편과 아이들에게 감사를 표현하며 오늘 일기를 마쳐야겠다.

사랑하는 당신께,

스물세 살에 만나 지금까지 22년 동안 당신은 좋은 동반자였고, 따뜻한 남편이었고, 든든한 후원자였어요. 당신과 살아오면서 사랑과 지원, 격려와 신뢰를 충분히 느낄 수 있었고 행복했습니다. 당신이 가정생활에서 보여준 성실함과 사회에 대한 기여에 깊은 감사를 전합니다.

민서에게,

엄마와 늘 대화하면서 엄마가 깨어 있게 하고 엄마에게 에너지를 주는 우리 민서!

사람들의 다양한 느낌을 섬세하게 느끼며 욕구를 공감해주는 아이로 자라줘서 고마워. 특히 우리 둘이 목욕탕에 같이 갈 때, 엄마는 행복하지. 네가 옆에 있다는 게 엄마에겐 축복이야.

민혁이에게,

너의 새로운 아이디어는 생활에 생기를 주고, 너의 밝은 웃음과 재치가 엄마를 기쁘게 한단다. 네 덕에 우리 가족은 늘 재미있지. 지난달, 할아버지 생신 때 할아버지가 좋아하시는 트로트를 개사해서 축하 노래를 하는 너를 보면서 너의 창의성에 감동했단다. 건강하게 자라줘서 진심으로 고마워.

민우에게,

우리 가족을 가장 잘 도와주는 우리 막내, 민우!

널 보는 것만으로도 엄마는 얼마나 기쁘고 행복한지 몰라. 배려해주고 협력해주고 사랑과 애정을 나눠줘서 감사해. 엄마랑 TV를 볼 때면 엄마에게 누우라고 하고 민우가 다리를 주물러주지. 따뜻한 아이로 자라줘서 고맙다.

 아이의 일기

제게도 부모님은 선물이랍니다

어른들은 우리가 부모님께 감사할 줄 모른다고 생각하실지도 모르겠다. 하지만 우리도 부모님이 우리의 삶을 얼마나 풍요롭게 해주시는지 알고 있다. 친구들에게 어느 때 부모님께 고마움을 느끼느냐고 물었더니 이렇게 답했다.

"내 편이 되어주실 때"

"원하는 것을 해주실 때"

"맛있는 것을 해주실 때"

"하고 싶은 이야기를 끝까지 들어주실 때"

"믿어주실 때"

"노는 시간 허락해주실 때"

"잔소리 안 하고 지켜봐주실 때"

다음은 친구들이 부모님께 표현한 감사다.

"저를 사랑해주셔서 감사합니다."

"저를 낳아주시고 키워주셔서 감사해요."

"지금 옆에 계셔서 감사합니다."

"하고 싶은 일을 하도록 지원해주셔서 늘 행복합니다. 감사해요."

"저를 공부시켜 저의 역량을 키워주시니 감사합니다."

"화가 나도 정성껏 도와주시는 엄마, 사랑해요."

"10대에 하고 싶은 일을 하도록 수용해주셔서 고맙습니다."

"저를 이해해주셔서 저는 늘 만족해요. 감사합니다."

NVC 생각

기린 식으로 감사하기

비폭력대화에서 말하는 기린 식 감사에는 다음의 세 가지 요소가 필요합니다.

감사하고 싶은 상대의 행동이나 말

충족된 욕구

욕구를 충족하면서 생긴 느낌

이 세 요소를 사용해 감사를 표현할 때 상대방은 자신이 기여한 것에 대해서 구체적으로 알고 함께 기뻐할 수 있습니다. 상대의 감사 표현을 듣고 부담스럽다면, 혹시 마음속으로 '뭐 그 정도 일을 고맙다고 난리야?' 또는 '또 겉치레로 인사한다!'라며 평가하는 것은 아닌지 돌아볼 필요가 있습니다. 비폭력대화에서 '감사 표현'은 아무런 의도가 없을뿐더러, 상대방 덕분에 내 삶이 얼마나 풍요로워지고 있는지 함께 기뻐하는 것이랍니다. 이것은 무언가를 얻어내려는 의도를 갖고 하는 칭찬이나 감사 표현과는 큰 차이가 있습니다.

어떤 의도를 가지고 칭찬이나 감사를 전할 때는 숨은 의도를 알아채는 순간부터 칭찬과 감사의 의미가 사라집니다. 예를 들어 "지난번보다 성적이 올랐으니 다음번 시험에서는 더 나아지겠구나. 네가 최고야"라고 말했다고 가정해볼까요? 아이는 처음에는 그 말을 격려로 여겨 더 열심히 할 수 있지만, 그것이 공부를 더 열심히 하게 만들려는 칭찬임을 알아차리면 감사의 진정한 의미는 사라집니다.

"네가 목표를 가지고 열심히 노력하는 모습을 보고 싶었는데 이번에 성적이 오른 것을 보니 안심이 돼. 엄마 마음을 편하게 해줘서 고맙다"라고 기린 식으로 감사를 표현한다면, 자녀 또한 "엄마 마음을 편하게 해드릴 수 있어서 저도 기뻐요"라고 말할 수 있을 것입니다.

비폭력대화로 감사 표현을 하는 사람은 상대의 감사 표현 역시 공감하면서 듣습니다. 상대의 느낌과 충족된 욕구를 듣고, 상대편의 삶을 풍요롭게 하는 데 기여한 것을 기뻐하며 기꺼이 상대의 감사를 받아들입니다. 비폭력대화에서는 오로지 서로 기쁜 마음을 나누려는 목적으로 감사를 표현할 것을 권합니다.

💕 자녀에 대한 부모의 감사

부모들은 자녀들에게 무엇을 감사할까요? 다음은 사춘기 자녀를 키우는 부모님들이 자녀에게 무엇이 감사한지를 표현한 것입니다.

　　"내 곁에 같이 있다는 것"
　　"건강하게 잘 자라는 것"
　　"밝게 커준 것"
　　"자기 힘으로 살아가려고 노력하는 것"
　　"야단을 쳐도 부모를 사랑하는 것"
　　"동생을 잘 돌봐주는 것"
　　"노력해서 성과를 보여주는 것"
　　"행복하게 지내는 것 그 자체"
　　"심부름하면서 도움을 주는 것"
　　"부모의 실수를 용서해주는 것"

　　이번엔 사춘기 자녀들에게 "부모님을 무엇으로 기쁘게 해드리느냐?"라고 물었습니다. 아이들 대부분이 "건강하게 자라는 것"이라고 대답했습니다. 그 밖에도 다음과 같은 대답들이 나왔습니다.

　　"착한 것"
　　"늘 내가 행복하게 살아가는 것"
　　"동생을 돌봐주는 것"

"성공하는 것"

"내가 드리는 선물"

"웃게 만들어드리는 것"

"남들에게 인정받는 것"

"내가 창조적인 것"

"내 존재 그 자체"

자녀들은 부모에게 선물입니다. 그들은 항상 부모에게 무언가를 줍니다. 자녀 역시 주는 사람이라는 것, 그들 역시 부모의 삶에 기여하는 바가 있음을 기억하기 바랍니다. 우리가 서로의 삶을 풍요롭게 하는 데 기여하고 있다는 것을 깨달을 때 우리는 더욱 행복해집니다.

부록

사춘기를
이해해요

1 수상돌기와 시냅스 연결의 과잉 생산

신경과학자들은 청소년들이 사춘기를 겪는 동안 수상돌기와 시냅스가 과도하게 많이 생산된다는 것을 발견했다. 수상돌기란 뇌의 끝부분인 뉴런에서 뻗어 나온 머리카락처럼 생긴 가는 줄기인데, 학습과 밀접한 관계를 맺고 있다. 뇌에서는 모든 새로운 경험과 정보가 새로운 수상돌기를 만든다. 사춘기 말에는 1,000억 개의 뉴런과 1,000억 개의 지지세포가 존재하고 1,000억 개의 뉴런들은 서로 1,000조 개에 달하는 연결을 만들어내는데, 이 숫자는 전 세계의 인터넷 연결 수보다도 크다.

그러므로 사춘기는 잠재성을 일깨울 수 있는 최고의 시기라고 할 수 있다. 이 시기에 어떤 뉴런을 사용하지 않는다면 그것은 연결망에 제대로 엮이지 못한 채 곧 사라지고 만다. 따라서 다양한 영역을 경험하면서 그 속에서 상상하고 사고하며 활동하는 것이 굉장히 중요하다. 사춘기에는 단기 기억력이 30퍼센트 이상 신장하고 지능, 추리력, 문제 해결력 등이 향상되므로 이 결정적인 시기에 독서, 학문, 음악, 운동 등 다양한 활동을 하며 시간을 보낼수록 뇌가 우수해진다. 이때 지나치게 게임에 집중하거나 음란물에 몰입한다면 뇌가 발달할 귀중한 기회를 잃는다.

2 편도체 안정화의 중요성

사춘기 아이들이 거친 말투나 위험을 감수하는 행동 등으로 감정적 반응을 하는 것은 그 시기에 편도체가 활발하게 작동하면서 일어나는 일이다. 이 시기에는 올바른 판단을 하고 자신의 행동에 대한 결과를 예측하는 전전두피질이 아직 미성숙해 제대로 기능하지 않으므로 규칙을 강조하거나 벌을 주면서 행동을 지도하려고 하는 것은 적절하지 않은 부모의 교육 방법이다.

이 시기의 자녀를 둔 부모는 자녀의 편도체 안정화와 전전두피질의 활성화를 위해 노력해야 한다. 자녀가 하는 말이나 행동에 대해서 옳고 그름을 따지거나 바로잡으려 하는 데 초점을 둔다면 편도체는 활성화되고 전전두피질은 발달하지 못할 것이다. 사춘기 아이들의 편도체 안정화를 돕는 최고의 방법은 스트레스 해소와 공감이다. 자녀가 스트레스를 풀 수 있는 운동이나 취미 활동, 사회적인 인간관계를 할 수 있도록 권유하고, 느낌과 욕구를 온전히 공감해줄 때 사춘기 자녀의 편도체는 안정화된다.

3 전전두피질 활성화의 비법

사춘기 아이들의 뇌는 전전두피질이 성인의 뇌처럼 발달하지는 못한 상태이지만 자신의 의지에 따라서 전전두피질을 활성화시켜서 편도체를 조절하는 능력을 발휘할 수 있다. 또한 그 능력을 키우면서 정서적으로 안정되고 성숙한 성인으로 자라나며 성취 능력과도 연결이 된다.

미국 피츠버그대학교 의과대학과 UC버클리대학교, 하버드대학교의 공동 연구팀이 평균 연령 14세의 청소년 32명에게 자신들 어머니의 잔소리를 녹음한 음성을 30초 정도 들려주고 뇌의 활성도를 측정하는 실험을 했다. 그 결과 잔소리를 듣고 있는 동안은 감정적으로 반응하는 편도체는 활성화되고 감정 조절과 상대방을 이해하는 데 관여하는 전전두피질은 활성도가 떨어지는 것으로 확인됐다.

부모와 자녀 사이에서 일어나는 갈등을 소통으로 풀어내지 못하고, 신경질적으로 반응하여 분노하거나 쓸데없는 걱정으로 잔소리를 심하게 하는 것은 도움이 되지 않는다. 자녀의 전전두피질이 활성화되기를 바란다면 부모들이여, 잔소리를 멈춰라.

4 사춘기의 신경전달물질

사춘기에는 좋은 기분을 느끼게 하는 도파민의 혈중 농도가 높아지는 반면에, 기분을 안정시키는 세로토닌의 혈중 농도는 낮아지면서 새롭고 위험하고 강력한 자극에 대한 욕구가 증가한다. 따라서 사춘기 아이들은 위험한 행동을 무릅쓰고 부주의하게 행동하기 쉽다.

혼자 있거나 부모와 함께 있을 때는 차분하던 아이가 친구들과 함께 뭉치면 여러 위험을 감수하고 정서적으로 흥분 상태가 되는 것은 이런 신경전달물질의 작용 때문이다. 전두엽의 기능을 대신할 수 있는 어른들의 지속적인 관심과 사랑을 바탕으로 한 교육과 보호가 필요한 이유다.

무엇보다 중요한 것은 자녀와의 유대 관계다. 자신이 스스로 가족의 중요한 구성원이라고 생각하는 것 자체가 보호 요인이다. 사춘기 자녀에게 부모가 얼마나 관심이 많고 위험에 처할까 봐 걱정하는지 알려주고, 어떤 어려움이 있어도 함께한다는 확신을 줘야 한다. 이 시기에는 부모와 자녀가 서로 욕구를 충족시킬 수 있는 방법에 관해 끊임없이 대화하고 행동에 대한 부탁을 구체적으로 표현하는 것이 안정된 마음 상태를 유지하는 데 도움이 된다.

5 사춘기 아들의 호르몬

사춘기에 저지르는 이해하기 어려운 행동의 원인은 과다하게 분비되는 호르몬에 있다. 사춘기 아들 몸속에서는 아동기보다 1,000배 이상 많은 남성호르몬이 분비된다. 과다한 테스토스테론(testosterone) 분비는 목소리와 신체의 갑작스러운 변화를 일으키고 이미 크기가 커진 편도체를 과도하게 자극해서 공격성과 성적 관심이 높아진다. 호르몬이 분출하는 동안 규칙적으로 과도한 자극을 받는데, 그 결과 분노, 공격성, 성적 관심, 지배 욕구, 영역 확보 행동 등이 촉발된다. 또한 그로 인한 스트레스를 풀려고 충동적인 행동을 한다.

이 시기에 부모는 아들의 감정에 공감해주고, 부모의 느낌과 욕구를 진실하게 표현하면서 아들에게 충동 조절을 가르치는 것이 매우 중요하다.

신체적 활동을 하는 것도 아들의 공격성을 다루는 데 도움이 된다. 넘치는 에너지를 운동장이나 체육관에서 여러 종류의 운동을 통해 발산

한다면, 그들이 공격적인 행동을 해서 곤란한 상황에 놓이는 일을 예방할 수 있다.

6 사춘기 딸의 호르몬

에스트로겐(estrogen)과 프로게스테론(progesterone)은 딸들의 성장호르몬이다. 사춘기 딸은 두 호르몬의 분비로 가슴이 발달하고 골반이 확장되며 생리를 시작한다. 또한 여성호르몬 분비가 늘어나면서 감정의 기복이 심해진다. 세상이 너무 멋지고 재미있다가도, 한순간에 슬프고 외로운 세상으로 느껴지기도 한다.

부모는 사춘기 딸의 기분 변화를 어느 정도 이해해주고 인내해줄 필요가 있다. 딸이 정서적으로 상처를 받았을 경우, 딸의 말을 경청하는 동시에 우울한 감정에서 벗어나 기분이 좋아지는 해결책을 찾을 수 있도록 격려하는 것이 좋다. 또한 기복이 심한 감정 때문에 남에게 상처를 주는 일이 없도록 자신의 느낌과 욕구를 잘 돌보는 방법을 가르치는 것도 부모의 역할 중 하나다.

사춘기 딸과 아들을 비교해보면, 딸 쪽이 학업 수행 능력이 더 낫다고 느낄 때가 있다. 이는 편도체가 테스토스테론의 결합 지점인 반면에, 기억 영역인 해마는 에스트로겐 세포가 환영받는 지점이기 때문이다. 이러한 연결로 인해, 기억 능력이 필요한 학업 과제를 수행할 때 딸들이 아들들보다 유리하다.

사춘기 청소년에게는 행동의 결과를 제시해줄 필요가 있다. 사춘기 청소년의 뇌는 전두엽이 아직 덜 발달한 상태이기에 제대로 된 판단을 내리기가 어렵다. 좋은 결정을 내리는 데 핵심적인 뇌의 능력은 아직 유아의 상태라고 할 수 있다. 그러므로 자신의 행동이 미래에 어떤 결과를 초래할지 알아차릴 능력이 없다.

그들은 교차로의 신호등을 무시하고 길을 건너면서도 차에 부딪힐 수도 있다는 생각을 미처 못 하고 차가 알아서 피해 갈 것이라고 생각한다. 피임을 하지 않고 성관계를 하면 아이가 생길 수 있다는 생각도 하지 못하고, 후배의 돈을 빼앗으면 어떤 결과가 발생할지도 생각하지 못하고 행동한다. 그러면서 모든 불행이 자신을 피해 갈 것이라는 환상을 갖는다.

그렇기 때문에 올바른 판단과 결정을 내릴 수 있는 어른들이 대화를 통해 나침반 역할을 해주는 것이 중요하다. 그들의 느낌과 욕구를 수용하고, 그들과 연결되어 가슴으로 통하는 대화를 하려고 노력해야 하는 것이다.

8   사춘기 행동의 특징

1. 말과 행동이 일치하지 않는다.
2. 감정과 논리 사이에서 타협을 하고 균형을 잡는 방법을 배우기 시작한다.

3. 뇌 속의 변화로 욕구나 행동도 변한다.

4. 극단적으로 이상적이다.

5. 말을 해석하는 데 오해를 일으킨다.

6. 가치 구분 능력이 떨어진다.

7. 브레인스토밍, 반추, 뒤집어 생각하기 등의 과정을 통해 의사 결정 방법을 배운다.

8. 자신의 정체성과 자율성을 확립하려고 한다.

9. 청소년기 후반으로 가면 갈수록 논리적인 설명을 더 잘 따를 수 있다.

10. 자기 행동의 결과를 알아차릴 능력을 갖추지 못했다.

11. 시간관념이 부족하다.

12. 본인들이 불멸의 존재라고 생각한다.

13. 자신이 하는 행동의 결과를 예측하지 못해서 위험한 행동을 한다.

14. 환경의 독소와 스트레스에 취약하다.

15. 아동기나 성인기보다 많은 잠이 필요하다.

9   사춘기의 수면

사춘기 자녀가 부모와 갈등하는 것 중의 하나가 수면 시간 문제다. 사춘기에 접어들면서 조금씩 늦잠을 자는데, 이런 현상을 심리학에서는 '수면 상태 지연(sleep phase delay)'이라고 부른다. 사춘기는 성장호르몬의 증가로 시작되는데, 이 성장호르몬은 밤에 혈중으로 분비되는 특징이 있다. 몇 가지 성호르몬도 사춘기 동안의 수면 주기와 밀접한 관계를 가진다. 테스토스테론, 여포자극호르몬, 황체형성호르몬 등은 사춘기가 되면 수면 중에 생산되고 분비된다. 그러므로 잠을 적게 자면 성장을 저해한다.

스탠퍼드대학교 수면 캠프에서는 6년간의 종단연구(특정 현상이나 대상에 대해 일정 기간 동안 측정을 되풀이하는 연구 방법)를 통해 청소년들은 나이가 들수록 더 많은 잠이 필요하다는 결론을 내렸다. 다시 말해, 청소년들은 학년이 올라갈수록 잠을 더 늦게 자고 아침에는 좀 더 늦게 일어나는 것이 신체적 변화에 맞는 수면 패턴이고, 오히려 어린이에 비해 잠을 더 많이 자야 한다.

미네소타대학교의 카일라 왈스트롬(Kyla Wahlstrom)의 연구에 따르면 수면 부족이 학습 능력에도 영향을 준다고 입증되었다. 미네소타주의 미니애폴리스에 있는 공립학교들은 청소년들의 수면이 학습과 감정 조절, 그리고 행동에 중요한 역할을 한다는 점을 인식하고 '수면 상태 지연' 효과를 고려해 85개 학교가 등교 시간을 7시 15분에서 8시 40분으로 늦췄다. 학생들은 평균 45분을 더 잘 수 있었다. 실험학교의 학생들은 실험에 참여하지 않은 다른 학교 학생들에 비해 지각, 결석, 우울 정도 및 정신이 맑은 정도, 성취도 등 행동과 감정 그리고 학업에서 더 긍정적인 변화를 경험했다고 한다.

10 사춘기 자녀를 위해 부모가 해야 할 일

1. 설교, 잔소리, 간섭을 하지 않는다.

2. 힘겨루기를 하지 않는다.

3. 논쟁을 삼간다.

4. 죄책감, 수치심, 두려움을 이용하지 않는다.

5. 인신공격하지 않는다.

6. 무조건적 사랑을 베푼다.

7. 규칙을 정하고, 참고 기다려준다.

8. 의사소통의 좋은 본보기가 된다.

9. 의견을 존중한다.

10. 적극적으로 경청한다.

11. 의견이나 생각이 다르더라도 받아들인다.

12. 자녀의 감정을 축소하거나 무시하지 않는다.

13. 자녀의 감정 상태에 맞춘다.

14. 조언을 참는다.

15. 일반화를 삼간다.

16. 부모가 자신을 보호해줄 것이라는 확신을 준다.

17. 자유를 점차 늘려준다.

18. 신뢰와 지도 사이에서 균형을 잡는다.

19. 자녀와 의논하고 자녀에게 물어본다.

20. 가족이 함께 지내는 시간을 가진다.

우리 가족을 위한
비폭력대화 수업

© 이윤정

초판 1쇄 발행 2023년 6월 10일
초판 4쇄 발행 2024년 6월 20일

지은이 이윤정
펴낸이 오혜영
교정교열 이가영
디자인 조성미
마케팅 한정원

펴낸곳 그래도봄
출판등록 제2021-000137호
주소 04051 서울 마포구 신촌로 2길 19, 316호
전화 070-8691-0072
팩스 02-6442-0875
이메일 book@gbom.kr
홈페이지 www.gbom.kr
블로그 blog.naver.com/graedobom
인스타그램 @graedobom.pub

ISBN 979-11-92410-17-3 03590

....